THE BEAUTY OF GEOMETRY

美しい幾何学

谷 克彦・著
KATSUHIKO TANI

技術評論社

photo by Viktar Malyshchyts / 123RF

■ まえがき

　この図鑑には美しい図形や不思議な図形がたくさん出てきます．そのような図形の仕組みを「見ているだけで理解できるように」したいのです．数式を使えば正確な説明が楽にできますが，そのためには，たくさんの数学準備の回り道があり，焦点がぼけてしまいます．小学生から大学生まで，本書の図を眺めているうちに，図形に隠された仕組みが自ずとわかることを狙いました．

　内容には大学の専門課程レベルのものもあり，初めはわからないこともあるでしょうが，何度も図を見ていると，不思議なことに理解できる時がきっと訪れるはずです．そのような図を工夫して一つ一つ描くのはとても大変でした．本質を深く理解するために，できるだけ2次元の世界に話を限定して進めることにしました．

　この図鑑の各章は，万華鏡で繋がっています．第1章と第2章は有限図形の対称性，第3章と第4章は無限に繰り返す周期平面の対称性．第5章は万華鏡です．第1〜4章の図形には，万華鏡（組み合わせ鏡）で生み出すことのできるものが多数あります．

　第6章は円盤世界（非ユークリッド幾何モデル）の対称性です．この世界の万華鏡は，「円による反転操作」という数学的な鏡です．第7章は拡大しても拡大しても同じ景色が見える世界で，図形全体を自分の内部に無限に繰り込むような「フラクタル操作」という数学的な鏡の万華鏡の世界です．第8章はイスラムの伝統デザインを取り上げました．東京ジャーミイさんの撮影許可に感謝します．撮影は写真家の飯村昭彦氏の協力を得ました．

　この図鑑の図の作成は，POV-Ray，Cinderella などのソフトウエアを使い作成しました．Java プログラムでは郡山彬氏（東海大学名誉教授）の協力を得ました．さらに，郡山彬氏は本書全体に目を通され貴重な助言を下さいました．心から感謝いたします．

2019年2月　谷 克彦

目 次

まえがき ……………………………………………………………… 3

第1章　美しい多面体 ──────────────── 7

1. 身近にある多面体 ……………………………………………… 8
2. 正多面体の性質と表記法 ……………………………………… 9
3. プラトンの立体(正多面体)はなぜ5つ? ………………… 10
   - コラム　プラトンの宇宙観と正多面体 …………………… 12
   - コラム　宇宙の秘密 ………………………………………… 12
4. オイラーの多面体定理 ………………………………………… 13
5. 半正多面体を作る ……………………………………………… 16
6. 球に近い多面体 ………………………………………………… 22
7. いろいろな分野に現れる多面体 ……………………………… 24
8. 造形に利用される多面体 ……………………………………… 25
9. 4次元の正多胞体 ……………………………………………… 26

第2章　美しさの秘密"対称性" ────────── 27

1. 対称操作のいろいろ …………………………………………… 28
2. 建築物に見られる鏡映対称 …………………………………… 33
   - コラム　対称と非対称 ……………………………………… 34
3. 対称要素の表示法 ……………………………………………… 35
4. いろいろな対称図形とその対称要素 ………………………… 36
5. 対称性が高いとはどういうことか …………………………… 38
   - コラム　対称性を扱う数学「群論」 ……………………… 40
6. 部分と全体の対称性 …………………………………………… 41
7. プラトンの立体(正多面体)の対称性 ……………………… 42
8. 万華鏡で作る多面体 …………………………………………… 44
   - コラム　倉吉の御殿まり …………………………………… 48

第3章 無限に続く繰り返し — 49

1. 無限に広がる周期的な世界—結晶空間 …………………………………… 50
2. 5種類のデジタル平面 ……………………………………………………… 51
   コラム 空間のデジタル化 ……………………………………………… 52
   コラム 結晶世界 ………………………………………………………… 53
3. 最密充填問題 ……………………………………………………………… 56
   コラム ケプラー予想 …………………………………………………… 57
4. 立方体と同じ対称性の空間デジタル化 ………………………………… 60
5. 空間を充填する多面体の組み合わせ …………………………………… 63
   コラム Cube 充填パズル ……………………………………………… 67
6. 一般多角形による平面タイル張り ……………………………………… 68
   コラム 凸5角形によるタイル張り4種を発見した主婦マジョリー・ライス … 70
7. アルキメデスのタイル張り ……………………………………………… 72
8. 周期のないタイル張り …………………………………………………… 76
9. 高次元空間からの影 ……………………………………………………… 81
   コラム ペンローズ・タイリングと準結晶 …………………………… 84

第4章 周期的空間の対称性 — 85

1. 伝統模様に隠れる繰り返し ……………………………………………… 86
2. タイル張り模様の鑑賞 …………………………………………………… 89
3. 映進操作 …………………………………………………………………… 93
4. 6回回転対称と色置換のあるパターン ………………………………… 96
5. エッシャーの作品に見る対称性 ………………………………………… 98
6. $P3m1$と$P31m$の違いをエッシャーの絵で見る ……………………… 100

第5章 万華鏡の秘密 — 101

1. ブリュースター型(2枚鏡)の万華鏡 ………………………………… 102
2. 合わせ鏡の不思議 ………………………………………………………… 104
3. 万華鏡の平面群と市松模様 ……………………………………………… 106
4. 3枚鏡の万華鏡で平面をタイル張り …………………………………… 109
5. 正多角形での平面のタイル張り ………………………………………… 114
6. 長方形鏡室の万華鏡 ……………………………………………………… 116
7. 分数型の万華鏡 …………………………………………………………… 118
8. 万華鏡を作ろう …………………………………………………………… 122

第6章 円盤の中の不思議な世界 125

1. ユークリッド幾何学と非ユークリッド幾何学 126
    コラム 非ユークリッド幾何学の誕生 127
2. 3種類の幾何平面での正則分割を比べよう 130
3. ステレオ投影 136
4. ポアンカレの円盤は双曲幾何の世界 138
5. 双曲幾何平面のタイル張り 140
6. エッシャー作品「極限としての円」のトリック 142
    コラム エッシャー作品の生まれるまで 143
    コラム コクセター万華鏡 {7, 3} 144

第7章 繰り込まれていく世界 145

1. 自然の中のフラクタル 146
2. フラクタルと黄金比 148
    コラム 黄金3角形のパズル 150
3. 星型多面体 152
4. フラクタル図形 158
5. フラクタル次元 160
    コラム メンガーのスポンジ 164
6. 反転円が作るフラクタル 165
    コラム インドラの真珠とアポロニウスの窓 167
7. マンデルブロ集合 170
    コラム フラクタル 172

第8章 東京ジャーミイ 173

付録 平面群の作り方 184
付録 壁紙模様の対称性（平面群） 186

(参考書) 理解を深めるために 188
索引 189
著者プロフィール 192

第1章

美しい多面体

3次元世界の多面体は2次元の平面で囲まれた立体です
整った形の多面体は美しいものです
正多面体や半正多面体とはどのような立体でしょうか
1種類の正多角形の面で囲まれたものが正多面体ですが,
正多面体はいくつあるでしょうか.

1. 身近にある**多面体**

みなさんは，整った形の立体（多面体）を見て美しいと思いませんか．

宝石は人工的にカット面を研磨した多面体ですが，自然界には黄鉄鉱の立方体や蛍石の正8面体の結晶，ガーネットの24面体結晶などのような整った多面体が存在します．

まず鉱物結晶の正多面体の美しさを鑑賞しましょう．

ミョウバン（立方8面体）

ホタル石（正8面体）

ガーネット（24面体）

黄鉄鉱（12面体）
面のなす角度が正12面体とは
異なります

黄鉄鉱（正6面体）

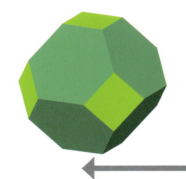

3角形の面（青緑）がだんだん大きくなる
黄鉄鉱結晶が見せる色々な多面体

2. 正多面体の性質と表記法

正多面体は，以下のような性質をもっています．

> 1. すべての面が同一の正多角形でできている．
> 2. すべての頂点のまわりの状態は同じ．

たとえばこのような多面体があります

正4面体

正6面体

正8面体

正12面体

正20面体

この5つの正多面体を**プラトンの立体**とも言います．

正多面体は，**シュレーフリの表記法**で記述できます．

正多面体のシュレーフリの表記法

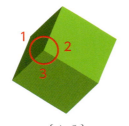

$\{4, 3\}$
{正**4**角形の面が，頂点で**3**つ集まる}

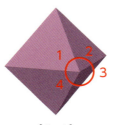

$\{3, 4\}$
{正**3**角形の面が，頂点で**4**つ集まる}

$\{3, 3\}$

$\{5, 3\}$

$\{3, 5\}$

シュレーフリ（1814—1895）
スイスの幾何学者．4次元の正多面体（ポリトープ：正多胞体）が6つであることを示した．

3. プラトンの立体(正多面体)はなぜ5つ?

正多面体は本当に5つだけでしょうか? 確かめるために展開図を作ってみましょう.

少なくとも3つの面が頂点で集まらないと立体になりません. **どの頂点にも同じ数の面が集まるように**し,面の形を正3角形から順番に調べていきます.

正3角形の面が集まってできる多面体

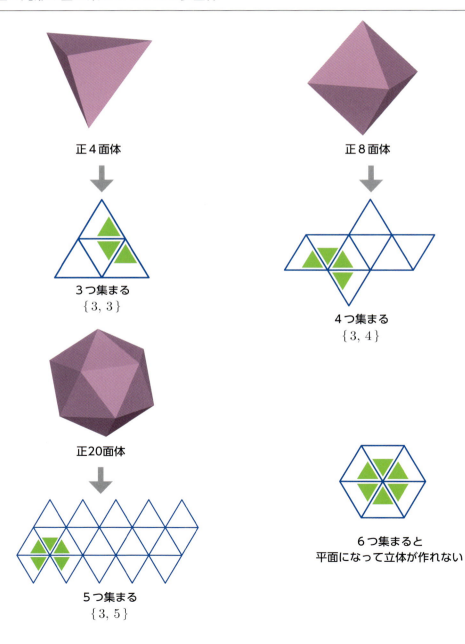

正4角形の面が集まってできる多面体

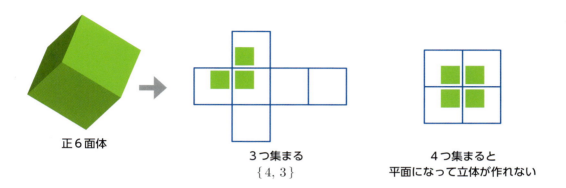

正5角形の面が集まってできる多面体

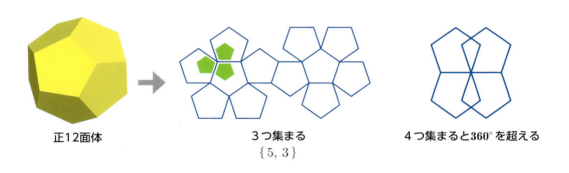

正6角形の面が集まってできる多面体

まとめると，正多面体の面となれるのは，正3角形，正4角形，正5角形の3種類です．

コラム〈COLUMN〉

プラトンの宇宙観と正多面体

9ページで挙げた5つの正多面体がプラトンの立体と呼ばれるのは，プラトンが著作に，ロクリス（ギリシャの地名）のティマイオス（哲学者名）の宇宙観として"巨大な正12面体で囲まれている宇宙と，四元素に対応する4つの正多面体"について述べているからです．

プラトンの時代の四元素とは：

　　火 → 正4面体，　土 → 正6面体，　空気 → 正8面体，水 → 正20面体

正多面体が5種類であることは，プラトン以前のギリシャですでに知られていました．

ユークリッドの「原論」にも証明が載っています．

プラトン　（BC427−BC347）

ギリシャの哲学者．ソクラテスの弟子でアリストテレスの師．ソクラテスは宇宙は数学的に構成されていると考えた．ケプラーの宇宙観（1598）もその影響を受けている．一方，アリストテレスは観測を尊重し物理学者的である．

コラム〈COLUMN〉

宇宙の秘密

右の図はケプラーの著書「宇宙の秘密」(1596)にある挿絵だそうです．

ケプラーが考えた太陽系を表しています．プラトンの正多面体が5つしかないことと，太陽系の惑星が6つ（ケプラーの時代には，土星までしか発見されていない）であることを，ケプラーは神秘と感じ，宇宙は数学的にできているべきだと信じていたものですから，各正多面体が内接球と外接球を介して"入れこ"になっているこのような構造を考えました．

"入れこ"の各多面体の間の内接球（外接球）が各惑星の軌道です．"入れこ"の順番は，

水星＜正8面体＜金星＜正20面体＜地球
＜正12面体＜火星＜正4面体＜木星＜正6面体＜土星

ケプラーはそれぞれの内接球（外接球）の大きさが，それぞれの惑星の軌道の大きさに対応するように工夫したのですが，現実の太陽系はそんなに都合よくできていません．

しかし一方，ケプラーは，地動説を確固たるものにしたし，観測データからケプラーの法則や惑星の軌道が楕円であることも発見しました．

4. オイラーの多面体定理

多面体には**頂点**, **辺**, **面**があります．頂点(Vertex)の数を V, 面(Face)の数を F, 辺(Edge)の数を E, とすると以下の式が成り立ちます．

$$V+F-E=2$$

これが**オイラーの多面体定理**です．

この定理はどんな多面体でも成立しますが，ここではプラトンの正多面体で確かめてみましょう．

例) 正4面体の場合

正4面体
$\{3, 3\}$

頂点の数 V → 4
面の数 F → 4
辺の数 E → 6

$V+F-E$ にあてはめると

$4+4-6=2$

となります

他の多面体も…

正6面体
$\{4, 3\}$

$\underset{V}{8}+\underset{F}{6}-\underset{E}{12}=2$

正8面体
$\{3, 4\}$

$\underset{V}{8}+\underset{F}{6}-\underset{E}{12}=2$

正12面体
$\{5, 3\}$

$\underset{V}{20}+\underset{F}{12}-\underset{E}{30}=2$

正20面体
$\{3, 5\}$

$\underset{V}{12}+\underset{F}{20}-\underset{E}{30}=2$

オイラー (1707—1783)
スイス生まれで，1727年よりサンクトペテルブルクで活躍し同地で没した．途中一時期，プロイセンのフリードリッヒ2世の依頼でドイツに移住し活躍したこともある．業績は，数学の広範な分野と物理学にわたり，史上最多の論文を書いた数学者である．64歳ごろ両目の視力が完全になくなってからも口述筆記にたよりながら，76歳で亡くなるその日まで研究を続けた．多数のオイラーの定理と呼ばれるものが，各分野にある．この多面体定理もその内の一つ．

■ オイラーの多面体定理の証明

①　ある立体で**オイラーの多面体定理**
$V+F-E=2$ が成立しているとします

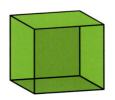

②　面を一つ取り除いてその穴の中に立体を
ペチャンコにして入れ平面図形にします
$V+F'-E=1$ $(F'=F-1)$

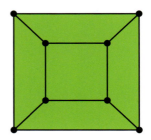

③　外側から辺を一つ取り除くと，
面も一つ減ります
F' も E も1つずつ減ります

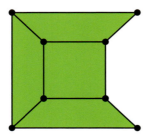

④　どんどん，辺と面を同数ずつ減らしていく
と，面が先になくなり樹形に行きつきます

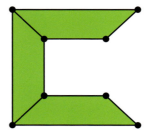

⑤　**樹形**では $V-E'=1$ $(E'=E-F')$
が成立しています

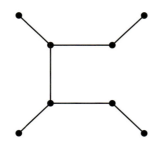

この図の例では $V=8$, $E'=7$

面を持たず，点と辺でできている図形をグラフといいます．
ぐるりと一周するような辺の列を持たないグラフは，
特に **樹形グラフ** と呼ばれます．
樹形では
(頂点の数) − (辺の数) ＝ 1 が
必ず成立しています
**この議論を逆にたどればオイラーの
多面体定理が証明できます．**

■ オイラーの定理を使って再度，正多面体は5種類だけであることを証明する

正 p 角形の面が頂点に q 個集まって立体を作るとします．
立体になるには，頂点に3つ以上の面が集まる（$q \geq 3$ となる）必要があります．

$p=3$
5つまで集まれる
$5 \geq q$

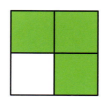
$p=4$
3つまで集まれる
$3 \geq q$

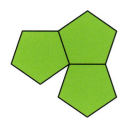
$p=5$
3つまで集まれる
$3 \geq q$

$p=6$
正6角形は3枚で
平面になってしまい立体は作れません

立体を作ることができる面（正 p 角形）は：

$$\begin{cases} 3 \leq p < 6 \Rightarrow p = 3, 4, 5 \\ 頂点に集まる面の個数は 3 \leq q \leq 5 \end{cases}$$

辺の数の2倍
（辺を2回重複して数えるから）

$$\begin{cases} pF = qV = 2E \\ V + F - E = 2 \end{cases}$$ ◀······ オイラーの多面体定理

これらの式を連立して $\dfrac{2}{p} + \dfrac{2}{q} = 1 + \dfrac{2}{E} > 1$ の関係が得られます．
変形して $4 > (p-2)(q-2)$ を満たす
整数解 $\{p, q\}$ を求めると

この条件下で

$$\{3, 3\}, \ \{3, 4\}, \ \{3, 5\}, \ \{4, 3\}, \ \{5, 3\}$$

この5種類がシュレーフリ記号で書いた
プラトンの正多面体です．

5. 半正多面体を作る

■ "切頂"で半正多面体を作る

半正多面体とは凸多面体で，次の1, 2を満たすものです．

> 1. 複数種類の正多角形の面でできている．
> 2. 頂点のまわりの状態は，すべての頂点で同じ．

半正多面体を**アルキメデスの立体**とも呼びます．**多面体のとがった部分を切断すると新たに面ができます．** これを切頂といい，切頂で半正多面体を作ることができます．

たとえば，正4面体の4頂点の切頂は，正4面体（青）と正8面体（オレンジ）を図のように重ねたときの共通部分の形です．

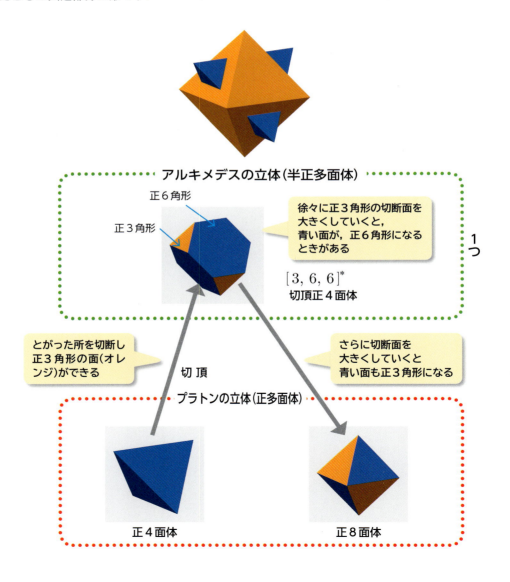

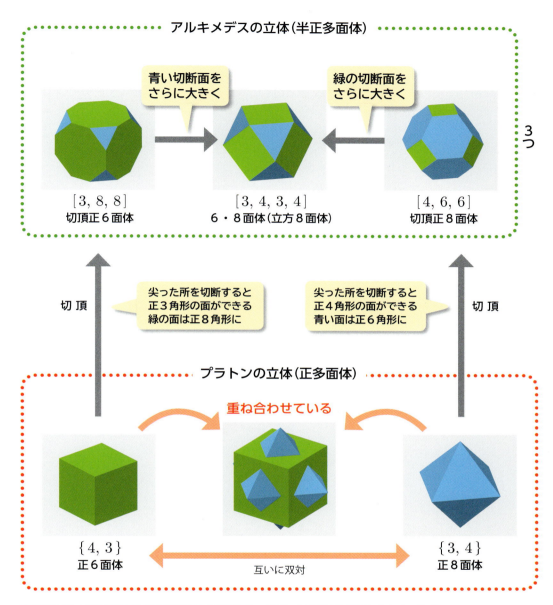

面を頂点に（頂点を面に）取り替えた図形を，「互いに双対な図形」といいます．
互いに双対な多面体の対称性は同じです．

＊注　半正多面体のシュレーフリの表記法

　頂点の周りを1周するときに現れる正多角形を $[n_1, n_2, \ldots]$ と列挙します．頂点のまわりで列挙される正多角形の数は3つ以上なので，$\{n, p\}$ のように2つしか並んでいない場合と区別できますが，本書では混乱を避けるためにカッコも $\{\ \}$ と $[\ ]$ のように区別しました．

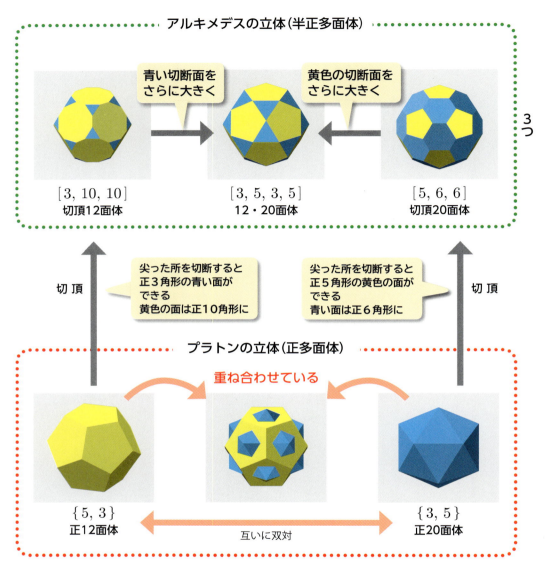

■ アルキメデスの立体（半正多面体）は13個（ ⋯⋯ でかこんだもの）

　　参考： ⋯⋯ でかこんだものは正多面体

ねじれ多面体(p.20)で，ねじれ方の「右まわり」と「左まわり」の違いを区別するなら13個でなく15個になります．

半正多面体の発見はアルキメデス(B.C.287－B.C.212)とされますが，13個をまとめて記述したのは，ケプラーの「宇宙の調和」が初めてです．

■ "混合"で半正多面体を作る

　この節では双対な正多面体の2つの面を混合して半正多面体を作ってみましょう．もとの正多面体の対称性は半正多面体に引き継がれます．切頂や混合しても対称性は変わらないのです．素性は隠せない！

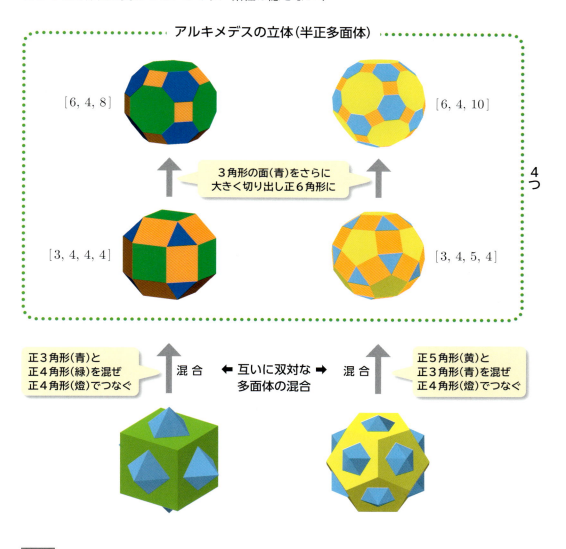

アルキメデスの立体(半正多面体)

Q　各多面体のシュレーフリの記号は？

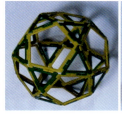

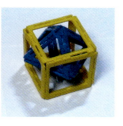

A　左　　[3, 5, 3, 5]
　　真ん中　{3, 5}
　　右　　互いに双対な正多面体　{3, 4}と{4, 3}

■ ねじれ半正多面体は立方体系列と 12 面体系列の 2 種類

① [3, 4, 4, 4] の中にかくれている立方体(緑の面)が左まわりにねじれています.

② [3, 4, 5, 4] の中にかくれている正12面体(黄の面)が左まわりにねじれています.

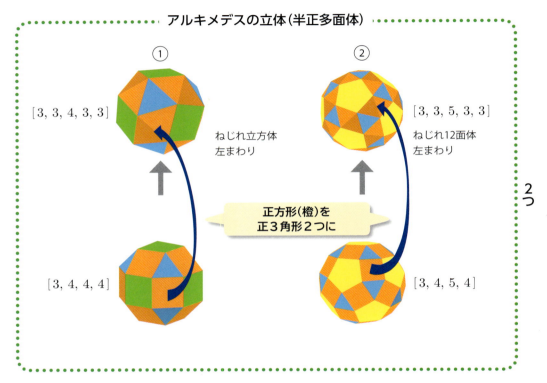

①②には，それぞれ逆まわり（右まわり）のねじれが可能で，頂点まわり状態の右まわりと左まわりを区別する場合は 4 種類になります.

半正多面体 [3, 4, 4, 4] の正 8 角形柱の上に乗っているキャップの部分を 45°回転させて乗せても多面体（ミラーの立体）ができます．これを半正多面体の仲間に入れる考え方もあります．

■ ミラーの立体

左の半正多面体 [3, 4, 4, 4] から，右のミラーの立体を作るには，半正多面体の上部キャップを 45°回転して乗せます．ミラーの立体も初めの半正多面体と同じシュレーフリの記号 [3, 4, 4, 4] ですから，これを半正多面体の仲間とする流儀もあります．しかし，ミラーの立体では，初めの半正多面体にあった正 6 面体の対称性は消え，縦方向の 4 回軸とこれを含む鏡映だけが残ります．

■ 準正多面体の双対としての菱形多面体

　半正多面体の6・8面体と12・20面体は，正多面体に近い性質があるので，特に，準正多面体と呼ばれます．2つの準正多面体から，それぞれの双対多面体を作ると，菱形多面体が得られます．

　準正多面体の2種類の面は，双対多面体では，それぞれ状態の異なる2種類の頂点に対応します．しかし，これらの頂点が囲む面はすべて同じ菱形ですので，この双対多面体は菱形多面体です．菱形多面体は面が正多角形ではないので正多面体とは言いません．

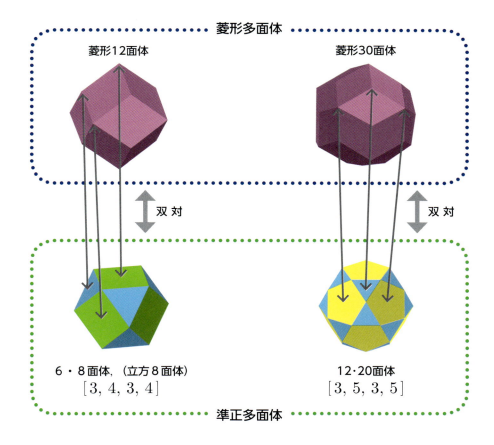

6. 球に近い多面体

サッカーボールは球面多面体ですが，面を平面とすると右側の多面体 [5, 6, 6] になります．これは正6角形(20個)と正5角形(12個)でできています．

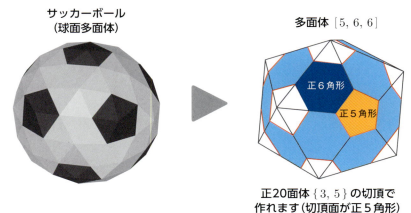

さらに球に近い多面体は作れないものでしょうか？
たとえば，ゴルフボールのディンプルを面と見立てるとさらに球に近い多面体ができていそうです．調べてみましょう．

■ ゴルフボールにディンプルを均一に配置するには？
（ボール表面のくぼみ）

球面上に配置できる同価な点は，プラトンの正多面体(5種類)の面に相当するので，4点(正4面体)，6点(正6面体)，8点(正8面体)，12点(正12面体)，20点(正20面体)が可能です．
これ以上あるいはこの他の数のディンプルを，球面上に対称的に規則正しく配置するのは不可能ですが，近似的には，正多面体や正多面体から派生した半正多面体の各面を細分化して作れます．

●(実験)実際のゴルフボールで調べてみよう

ディンプルの配置は，5角12面体から派生したサッカーボール型の半正多面体 [5, 6, 6]（上図）と正6面体から派生した半正多面体 [3, 4, 4, 4]（下図）の系統が見られました．

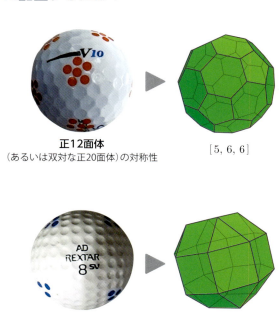

●正20面体から出発して多数のディンプルを球面上に配置する方法

step 1 正20面体の正3角形の各面をそれぞれ4つの正3角形に分割します．

step 2 辺の中点 P を，正20面体の外接球の中心 O から，球の表面 P' に投影します．
このような P' を新たな頂点として加え，正三角形の面を4つの3角形に分割します．

step 3 これを繰り返すと，どんどん3角形は小さくなります．ただし，生じる3角形は正3角形からわずかに歪みます．
α は $60°$ ですが，β は $60°$ よりわずかに小さい．

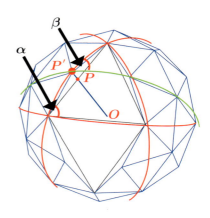

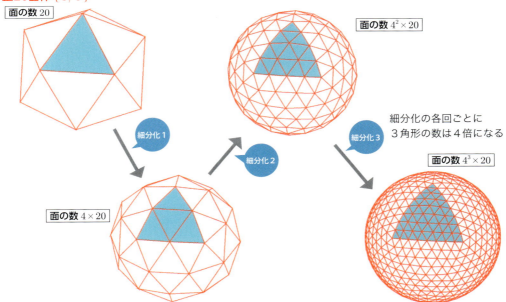

3角形の辺の中点を，球の中心から正20面体の外接球面に投影し，細分化された3角形の頂点とする．

　生じたこれらの3角形の中心（例えば重心）にディンプルを配置すれば，十分に多数のディンプルを配置できます．この手順で細分化された多面体の対称性は，基礎となった正20面体の対称性が残されています．例えば，5回回転対称軸が6本見つかるはずです．面を細分化しても素性は隠せない，対称性が上昇する訳ではなく，正20面体の対称性は残ります．
平面3角形は直線が辺ですが，球面3角形は大円が辺になっています．
元の球面正3角形の角度 α と細分化された球面3角形の角度 β はわずかですが異なります．

細分化の JAVA プログラムは郡山彬氏の協力を得ました．頂点データは https://people.freebsd.org/~maho/mxico/ Tamentai.html（オリジナルデータは小林光夫／鈴木卓治，「正多面体を面にもつすべての凸多面体の頂点座標の計算」，電気通信大学紀要，vol. 5(No. 2), 147-184(1992)）を参照しています．

7. いろいろな分野に現れる多面体

写真のドームは，建設のおよそ40年後に発見される炭素原子ばかりでできたサッカーボールのような形の分子の名称の語源となった建物です．フラーレンは正6角形(20個)と正5角形(12個)からなるサッカーボールのような形で，60個の頂点に炭素原子がある構造です．

バックミンスター・フラー(1947年)の建てたジオデシック・ドーム(Wikipediaより)

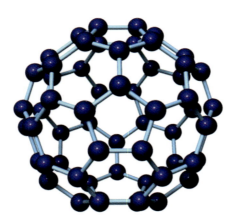

フラーレン C_{60} 分子
サッカーボール [5, 6, 6] の形です．

この分子はジオデシック・ドームのように球形で，正確にはサッカーボールの多面体 [5, 6, 6] です．

フラーレン

炭素原子が60個(C_{60})でサッカーボールのような構造をした分子が実在します．
1985年に，ハロルド・クロトー，リチャード・スモーリー，ロバート・カールらが発見しました．この発見により，3人は1996年度のノーベル化学賞を受賞しました．
C_{60}の存在可能の予言は，1970年に大澤映二により発表されました．
建築家フラーはジオデシック・ドーム(1947)のような建物を好んで作ったので，それに似ているこの分子もフラーレンと呼ばれます．

8. 造形に利用される多面体

正多面体や半正多面体はいろいろなところでデザインに使われています．いくつかご紹介しましょう．

$[3,4,4,4]$ は街路灯でよく見かけます．このスピーカーは正12面体を使っています．

街灯 $[3,4,4,4]$

スピーカー（正12面体）

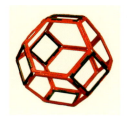

半正多面体 $[4,6,6]$ と球面多面体（御殿まり）

■ 球面正多面体 $\{5,3\}$ と御殿まり

球面上に描かれた正多角形で囲まれた多面体を**球面正多面体**といいます．

球面正5角形が3つ集まっているところに注目して，下図の2つを見比べましょう．

球面正5角形の辺は**大円**です

$\dfrac{2\pi}{3}$

球面正多面体 $\{5,3\}$ と御殿毬
（「藍てまり」絹川ツネノ作）

球面正5角形の内角の和

$$\dfrac{2\pi}{3} \times 5 = \dfrac{10\pi}{3} > 3\pi$$

↑
平面正5角形の内角の和

注）大円というのは，球の中心を通る平面で球を切った時の切り口の円周です．地球で緯線は小円ですが，赤道や経線は大円です．

9. 4次元の正多胞体

4次元の多面体の面は3次元の多面体（立体）なので，面といわずに「胞」という言葉を使います．

● 4次元正多胞体の面は下図のような3次元の正多面体です．

	正4面体	正6面体	正8面体	正12面体	正20面体
二面角(度) α	70.5…	90	109.4…	116.5….	138.1…
辺の共有が可能な胞の個数3以上とする	●3 ●4 ●5	●3	●3	●3	0

注）二面角の定義は α と β の2つの流儀があります（下図参照）．これらは，互いに補角の関係にあります．多面体では α をとることが多いので，ここでも α を採用しました．

 4次元世界であろうが，辺（1次元の線）の周りは360度です．
これらの正多面体が辺の周りに何個集まることが可能でしょうか？

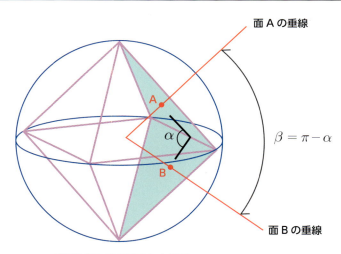

共通の辺を挟む面のなす角度

A 例えば胞が正四面体のとき，辺の共有が可能な胞の個数を n とすると，
$70.5 \times n \leq 360$ となる必要があります．$3 \leq n$ のものを求めると，$n=3, 4, 5$ が得られます．上の表で●をつけたものです．同様にして他の胞も調べると上の表で●をつけた6種類が正多胞体を作れる可能性があります．試してみるとこれらはどれも正多胞体を作れることがわかります．

第2章

2

美しさの秘密 "対称性"

我々が正多面体を美しいと感じるのは,
その対称性のためです.
この章では,有限図形の対称性を記述する
"点群"の考え方になれましょう.
深く理解ができるように,対象物を
2次元(平面)図形に絞って話を進めることにします.

1. 対称操作のいろいろ

　ここでは対称操作とは何かを身近な題材の中に見ていきましょう．
　次の①～③は，著者の両手です．手は空間内にあって，裏と表があるので，いろいろな手の対称配置があります．配置全体の対称性を調べましょう．

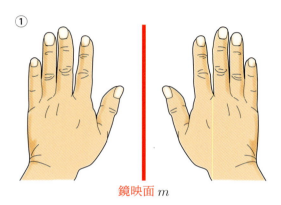

鏡映面 m

(1) 鏡映対称のみの配置

左手と右手は赤い線を鏡としてそれぞれの両手が互いに写り合うので全体は変わりません．

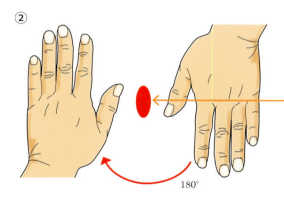

2回回転軸 2

180°

(2) 2回回転対称の配置

2つの左手は，赤い楕円印のところにある回転軸で180°**回転**させても全体は変わりません．

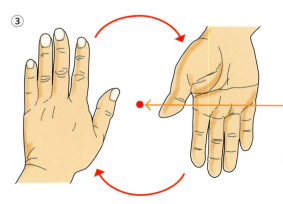

対称心 $\bar{1}$

(3) 反転対称(対称心)の配置

このような両手の配置では赤い点を中心に**反転**しても全体は変りません．赤い点は**対称心**といいます．

■ 位数 2 の対称操作

　位数 2 の対称操作とは，2 回続けて行うと元に戻る操作のことです．
　鏡映(m)，2 回回転対称(2)，反転対称($\bar{1}$)[対称心]は位数 2 の対称操作です．2 と $\bar{1}$ は 2 次元空間では同じ効果になりますが，3 次元空間では左図(②と③)のように効果が異なります．

　動かさない操作(恒等操作)を 1 と表すと，これらの位数 2 の対称操作は，2 回続けると元に戻ります．

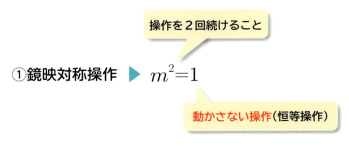

　n 回回転対称軸を略して n 回(回転)軸あるいは n 回対称軸と言います．n 回回転軸は対称操作ですが，単に「n 回対称」と言うときは図形の対称性に注目しています．

■ 位数3の対称操作

今度は，3回回転対称の例です．1周は360°ですから，360°÷3＝120°ずつ回転していくと元に戻る操作です．（●印は回転がわかるように筆者が付けたものです）．

(1)の図形を中心の回転軸のまわりに120°右回転させたものが(2)です．
　　この図形は(1)と全く区別できません．
(2)をさらに120°右回転させたものが(3)です．この図形も(1)と全く区別できません．
(3)をさらに120°右回転すれば(1)に戻ります．
このような図形の対称性は **3回回転対称** といいます．
3回回転軸は，回転軸のところに▲で標し，3と表記します．対称操作3を3回続けると元に戻るので，この操作は **位数3** です

$$3^3 = 1$$

■ 鏡映（ミラー）対称 m と3回回転対称3の共存

この図形には鏡映と3回回転対称が共存します．

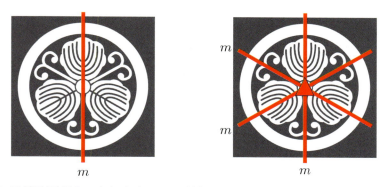

実はこの図形には鏡映面が3つあります．その理由は，この図形に3回回転対称があるからです．3つの鏡映面は3回回転軸により互いに移り変わるので，すべて同じ性質の鏡でなければなりません．例えば，どの鏡も葉とつるの中央を通っています．この図形の対称性（点群）は $3m$ と記述します．有限図形の1点を不動とするような対称操作の組み合わせが作る群を **点群**（☞ コラム p.40参照）といいます．

■ 4回回転対称

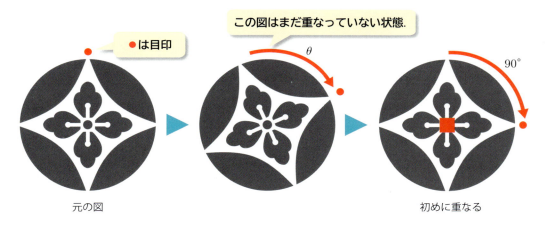

この図形は90°回転するごとに始めの図形に重なります．結局，90°ずつ4回まわると初めに戻るので，このような図形は **4回回転対称がある** といいます．
4回回転軸は，■で標し，4と表記します．4回回転軸の位数は4です．

$$4^4 = 1$$

■ 鏡映（ミラー）対称 m と4回回転対称4の共存

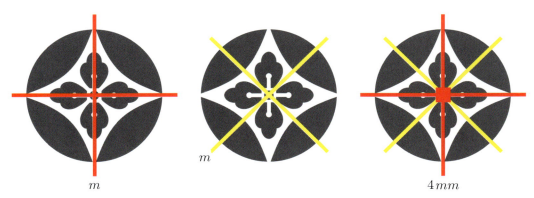

この図形には赤で標したミラー（鏡）と黄色で標したミラーがあります．
この図形は4回回転対称軸がありますから，赤い2つのミラーは互いに移り変わり，黄色い2つのミラーも互いに移り変わります．
しかし，赤と黄色のミラーは4回回転軸で移り変れませんから性質は異なってかまいません．例えば赤ミラーは図形の頂点を通るが，黄色ミラーは図形の辺の中点を通ります．
この図形の対称性（点群）を $4mm$ と表記します．

■ 図形の中の対称操作を見つけよう

(1) 回転対称のみの図形

1
対称操作は何もありません
(強いて言うと，360°回転すると元に戻ります.)

2　　　　　　　3
図形の中心にそれぞれの回転対称軸があります

4　　　　　　　5　　　　　　　6

(2) 鏡映対称のみの図形

図形の中心縦に鏡映面があります（左右対称）

(3) 回転対称と鏡映対称がある図形

$2mm$　　$2mm$　　$4mm$　　$8mm$　　$10mm$

$3m$　　$3m$　　$5m$　　$5m$

2. 建築物に見られる鏡映対称

Wikipedia より

例● ベルサイユ宮殿・鏡の間 ●
左右対称に設計されています．ただし，左側は庭に面し本当に光が入る窓ですが，右側の窓は鏡です（左図）．鏡の方を見ると後ろの窓が映り込みます（右図）．

例● 国会議事堂 ●
どっしりと安定感のある風格がでます．
左右同じ間取りなら設計が半分で済みます．

例● 鳳凰堂 ●
細部を除きほぼ左右対称．
さらに，湖面が鏡となり，建物と湖面の影は鏡映対称

コラム〈COLUMN〉

対称と非対称

左右対称　　　　　　　　　　前から見ると左右対称

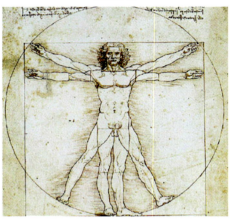

　私たちも鳥も，飛行機も自動車も，右にも左にも同じように動かねばなりません．地球環境は，重力による上下の違いはありますが，左右の差はありません．ここで活動するものは皆，特別な理由がなければ，左右対称になっています．

風力計を上から見た図

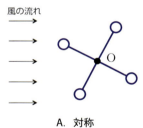
A. 対称

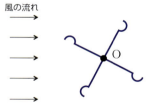
B. 非対称

ロビンソン風力計
（横から見た図）

Q 一様な風の流れ場のなかに置いて回転するのはA，Bどちらでしょうか？

（ヒント）
非対称は動きがでます．風車の中心 O に注目してください．Aの対称性は$4mm$，Bの対称性は4で，鏡映対称の有無の違いです．

A B

3. 対称要素の表示法

図形の**対称操作**とは，図形全体を動かしたとき，図形が初めとまったく同じでぴったり重なるような操作（動かし方）です．対称図形にはいろいろな対称操作が共存しています．これら対称操作の一つひとつを**対称要素**ともいいます．

■ ステンドガラス窓の対称要素

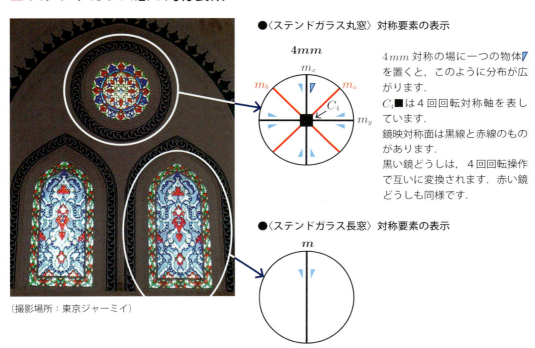

（撮影場所：東京ジャーミイ）

●〈ステンドガラス丸窓〉対称要素の表示

$4mm$ 対称の場に一つの物体を置くと，このように分布が広がります．
C_4■ は4回回転対称軸を表しています．
鏡映対称面は黒線と赤線のものがあります．
黒い鏡どうしは，4回回転操作で互いに変換されます．赤い鏡どうしも同様です．

●〈ステンドガラス長窓〉対称要素の表示

■ ステンドガラス丸窓の対称要素

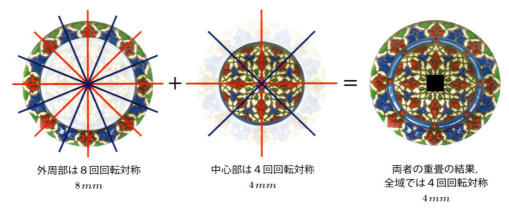

外周部は8回回転対称
$8mm$

中心部は4回回転対称
$4mm$

両者の重畳の結果，
全域では4回回転対称
$4mm$

$4mm$ の鏡の位置を $8mm$ の赤鏡に重ねます．
8回回転対称は4回回転対称を含むので，$4mm$ の対称になります．

4. いろいろな対称図形とその対称要素

　いろいろな対称図形（上）とその対称要素の表示（下）をペアで示しました．自然界の蝶や花，雪の結晶やマンダラなどいろいろな対称図形があります．それらの対称要素の表示図と見比べながら対称性を理解しましょう．

a. 蝶

b. マンデルブロ集合（第7章参照）

c. ペチュニア

d. つる日々草

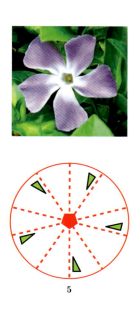

e. 雪の結晶

 「雪は天から送られた手紙（中谷宇吉郎）」という言葉がありますが，雪の結晶が生まれ・成長した気圏の状況により，様々な形の雪片が観察できます．AからGの写真の中で，絶対にありえない雪の結晶が２つあります．どれとどれでしょうか？

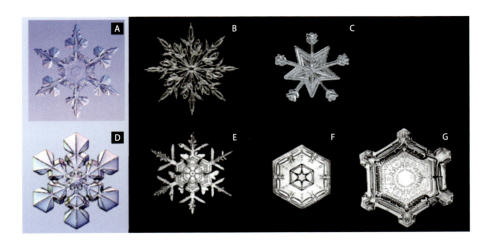

A B，C

（解説）
雪片の形の対称性は $6mm$ です．これは雪（氷）の結晶の内部構造（分子配列）が外に反映されるためです．以下に氷の結晶構造の２次元模式図を示します．水分子は H_2O（酸素原子Ⓞの両側に水素原子Ⓗが結合し，その結合角度は約120°）で，両端の水素原子は，隣の分子の酸素原子と弱い相互作用（水素結合）をしています．そのためこのような $6mm$ の対称性の結晶になります．

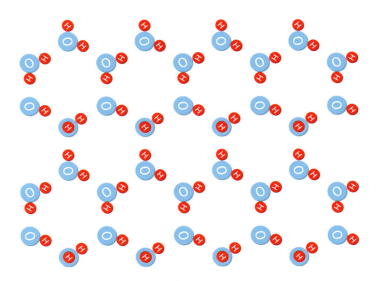

雪片（雪の結晶）の形は，デンドライト（樹状結晶）という形です．雪片の周囲で結晶が育つときに方位をそろえるので，このような形になります．これは，比較的速く結晶が成長するときにできる形です．

5. 対称性が高いとはどういうことか

下の図表は，平面図形の点群 $6mm$，$4mm$，$5m$ を例に，それぞれの**群の下に含まれる群**（**部分群**という）の系統図です．

回転軸の対称性が，$6 \to 3 \to 1$，$6 \to 2 \to 1$，$4 \to 2 \to 1$，$5 \to 1$ のように下がったり（図表の赤矢印→），鏡映面がなくなったり（図表の青矢印→）して，対称性の高い点群から対称性の低い点群（部分群）が得られます．

赤や青の矢印で結ばれたものは，群と部分群の関係にあります．

下の図中の図形は，それぞれの点群の対称性を一目でわかる形で表現しました．

各群の対称要素の数（これを**群の位数**という）を r とすると，各図形の中の $\frac{1}{r}$ の領域（非対称領域と呼ばれる緑に塗った領域）を対称操作で広げて全体を作ることができます．つまり，対称性の高い図形ほどこの領域は小さくて済みます．

（参考）

この図表に取り上げた平面点群のうちで，万華鏡で作れるものは鏡の組み合わせだけで生成できるもので，$6mm$，$4mm$，$2mm$，$5m$，$3m$ です．これらは，図中の緑の領域を挟んだ鏡2枚の万華鏡で作ることができます．ただし，平面点群 m は，しいて言うなら1枚の鏡でできる万華鏡です．

注）**群の位数**とは群に含まれる対称要素の数です．**対称操作の位数**とは，その対称操作を何回繰り返すと元に戻るかということでした（p.29, 30）．
混乱しないよう注意しましょう．

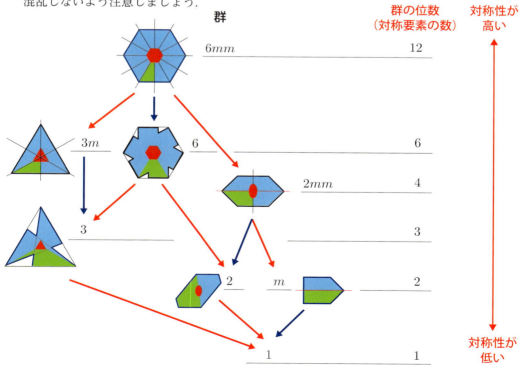

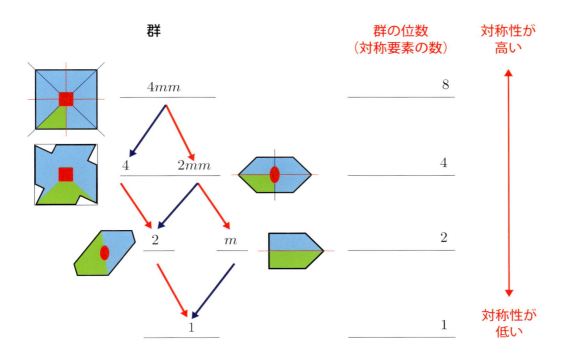
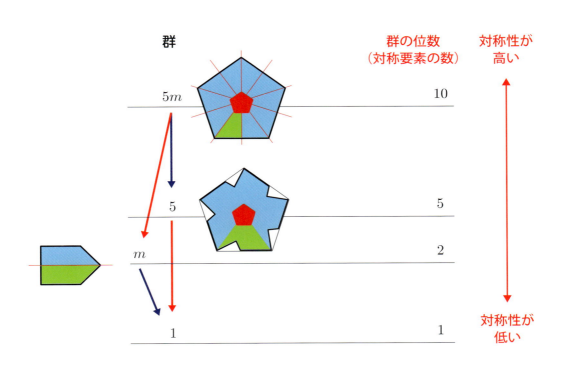

コラム〈 COLUMN 〉

対称性を扱う数学「群論」

対称操作のところで使った数学の考え方と用語をまとめておきましょう.

■ 群

有限個あるいは無限個の要素（元とも呼ぶ）a, b, c, …を持つ集合 G があり，この集合の 2 つの要素に対して何らかの演算・（積と呼ぶ）が定義され，次の性質を満たすとき，この集合 G は群と呼ばれます.

a, b, c, …は場（たとえば図形）Ω に作用する対称操作としましょう. Ω に a を作用すると $a\,\Omega$ に変換され，続けて b を作用すると $b \cdot a\,\Omega$ に変換されます. そのため本書では，積 $b \cdot a$ は右側にあるものから先に場に作用すると約束しておきましょう.

1. 集合 G の任意の 2 つの元 a, b の積は，集合 G に属します. 「集合 G は積で閉じている」
2. $(a \cdot b) \cdot c = a \cdot (b \cdot c)$ 「結合の法則」
3. 任意の元 a に対して，$a \cdot e = e \cdot a = a$ となる元 e が集合 G の中にある.
   「単位元 e の存在」
4. 任意の元 a に対して，$x \cdot a = a \cdot x = e$ となる x が集合 G の中にある.
   「逆元の存在 $x = a^{-1}$」
   注）単位元 e や逆元がただ 1 つであることは，1〜4 の定義から導くことができます.

一般に，演算の順番により結果が異なります. $a \cdot b \neq b \cdot a$

特に，任意の元 a, b に対して，$a \cdot b = b \cdot a$ となる群は可換群（アーベル群）と呼ばれます.

一般に，集合の 2 元間に演算が定義されていて，演算に関して"構造"をもつ集合を代数系と呼びます. いろいろな"構造"があり，代数系にもいろいろなものがあります. 群はその 1 つです.

■ 部分群

群 G の部分群 H とは，H が G の部分集合 $(G \supset H)$ であって，群 G と同じ演算・で H が群となる場合です.

注）群 H の演算も群 G の演算と同じでなければなりません.

■ 正規部分群

群 G の部分群 H が，群 G の正規部分群となるのは，群 G の任意の元 a に対して $a \cdot H = H \cdot a$ が成り立つ時です.

注）もし G が可換群なら，すべての部分群が正規部分群です.

6. 部分と全体の対称性

下図は正三角形 ($3m$) の部品を重ね合わせて作られている全体系ですが，部品の配置の仕方で全体系の対称性が上がったり，下がったりします．

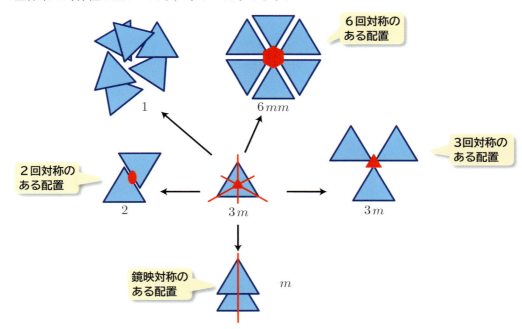

■ 対称性の重ね合わせ

もし異なる対称性の部品を重ね合せたらどうなるでしょうか．異なる対称性の部品を重ね合わせると，一般には，全体の対称性が下がります．

●回転軸の重ね合わせ

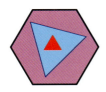

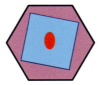

6∩3＝3

6回対称軸には3回および2回対称軸の性質が含まれている．6回軸と3回軸が重なれば3回対称性が残る．

6∩4＝2

4回対称軸には2回対称軸の性質が含まれている．6回軸と4回軸が重なれば2回対称性が残る．

6∩5＝1

6回対称軸と5回対称軸には共通な対称性はありません．したがって，1回対称性（対称性がない）だけが残る．

●鏡映面の重ね合わせ

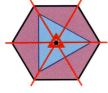

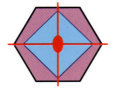

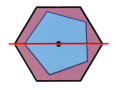

$6mm \cap 3m = 3m$

$6mm \cap 4mm = 2mm$

$6mm \cap 5m = m$

両方の部品の鏡映面の方位が揃うと，その鏡映対称性は全体系に残ります．

7. プラトンの立体（正多面体）の対称性

■ 対称性の記述

有限図形の1点を不動とするような対称操作の組み合わせが作る群が**点群**です．プラトンの正多面体の対称性は点群で記述します．

これまで，有限な平面図形の対称性を記述する点群を見てきました．本書では，2次元平面での理解に専念し，3次元空間の点群は扱わないことにしています．しかし，プラトンの正多面体の対称性だけここで言及しましょう．

5つの正多面体での代表的な対称操作の配置を図に書き込みました．互いに双対な正多面体の対称性は同じであることに注意しましょう．{3, 3} は**正4面体群**，{4, 3} と {3, 4} は**正8面体群**，{5, 3} と {3, 5} は**正12面体群**と呼ばれる点群です．

第3章，第4章では周期的空間（結晶空間）を扱いますが，5回回転対称軸は周期的空間では存在できません．したがって，正12面体群は結晶点群ではありません．

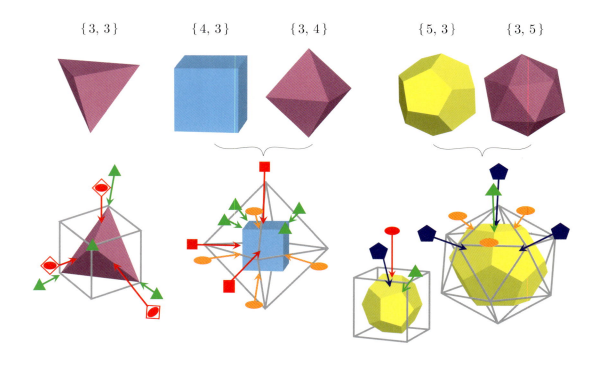

見易くするために代表的な回転対称軸のみ見取り図に描き込みました．鏡映面は略．{3, 3} 以外の正多面体には中心に対称心があります．

■ 各正多面体の対称要素の数

	プラトンの立体（正多面体）				
	正4面体	正6面体	正8面体	正12面体	正20面体
対称要素	$\{3,3\}$	$\{4,3\}$	$\{3,4\}$	$\{5,3\}$	$\{3,5\}$
	自己双対	双　対		双　対	
2回軸	3	6		15	
3回軸	4	4		10	
4回軸	0	3		0	
5回軸	0	0		6	
対称心	0	1		1	
鏡映面	6	9		15	

（注意）双対な多面体の対称性は同じ

Q (1) 正4面体，(2) 正6面体（正8面体），(3) 正12面体（正20面体）で，それぞれの鏡映面の数が上の表のようになることを確かめましょう.

A (1) 正4面体の場合
頂点が4つあり，各頂点の周りに鏡映面が3枚あります.
$4 \times 3 = 12$ 枚の鏡映面がありますが，1枚の鏡映面には，頂点が2つ乗っています.
したがって，鏡映面を多重に数えないようにします.

$$\frac{4 \times 3}{2} = 6$$

(2) 正6面体（正8面体）の場合
正6面体で説明すると，頂点は8個，各頂点の周りには鏡映面が3枚あります. このタイプの鏡映面には，頂点4つが乗っています.

$$\frac{8 \times 3}{4} = 6$$

4つの面の中心の周りにも鏡映面があります，頂点を通るものはすでに数えましたから除外し，貯点を通らないものは各面につき2つです. このようは鏡映面には4つの面の中心が乗っています.

$$\frac{6 \times 2}{4} = 3$$

したがって，鏡映面は全部で$6 + 3 = 9$ です.

(3) 正12面体（正20面体）
正12面体で説明すると頂点は20個. 各頂点の周りに3枚の鏡映面があり，各鏡映面上にそれぞれ4つの頂点が乗ります.

$$\frac{20 \times 3}{4} = 15$$

8. 万華鏡で作る多面体

多面体には，鏡映対称面がいくつかあります．そのうちの3つの鏡を使って万華鏡を作ると，多面体の形が見えます．

■ 菱形12面体のみえる万華鏡

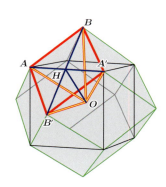

菱形12面体(☞ p.21参照)が見える万華鏡を作りましょう．少し厚手(0.25mm 程度)のミラー紙(B5版)が手に入ると，簡単に作ることができます．菱形12面体は，空間を隙間なく埋め尽くすことのできる形(☞ p.61参照)でもあり，①ピラミッドABA′B′-O(赤線)が12個集まってできています．② BB′A-O や AA′B-O(ピラミッド ABA′B′-O の半分)も，それぞれ24個集めると菱形12面体になります．

さらに，③ AHB-O(BB′A-O などの半分)は，48個集めると菱形12面体を作ることができます．これらの①，②，③は，側面を鏡にすると，菱形12面体像が見える万華鏡になります．

菱形12面体の内部には立方体が含まれるので，立方体の1辺を2とすると，菱形面 ABA′B′ の対角線の半分の長さは，AH＝1，BH＝$\sqrt{2}$ で，OH＝$\sqrt{2}$，OA＝OA′＝$\sqrt{3}$，OB＝OB′＝2 となります．

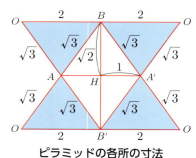

ピラミッドの各所の寸法

■ 3種類の万華鏡を作ろう

①底面(＝菱形面 ABA′B′)と頂点(立体の中心 O)を結ぶピラミッド ABA′B′-O
②ピラミッド BB′A-O
③底面が直角3角形のピラミッド ABH-O

ピラミッドの底面側から O の周りの窓を覗くと，菱形12面体が見えます．

それぞれの展開図を次に示します．どの展開図でも，O の周りのグレーに塗った部分は切り取り，窓(＝光の面)とします．
転開図の同じ記号の辺どうしを繋ぐとピラミッドが完成(写真)です．

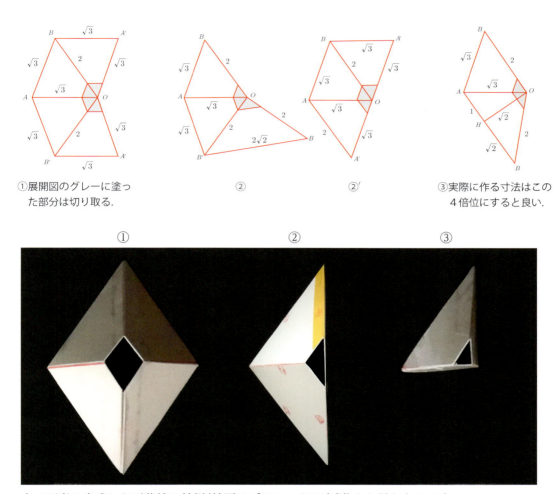

①展開図のグレーに塗った部分は切り取る．　②　　②'　③実際に作る寸法はこの4倍位にすると良い．

上の写真は完成した万華鏡の外側(鏡面はピラミッドの内側)から見たものです．

①，②，③に対応する万華鏡像はそれぞれ下のようになります．

3種類の万華鏡はどれも菱形12面体像が見えますが，菱形面の対称性に違いがあります．
①の菱形面に対称性はなく，②の菱形面は m，③の菱形面は $2mm$ の対称性です．

■ 菱形30面体が見える万華鏡

菱形30面体が見える万華鏡を作りましょう．菱形30面体は12・20面体と双対ですから，正20面体と正12面体を利用して，万華鏡のピラミッド型を計算します．

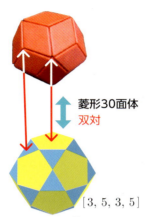

菱形30面体 双対

[3, 5, 3, 5]
12・20面体

正12面体正20面体の重ね合わせ

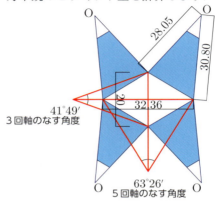

菱形30面体の頂点は，正12面体の頂点（3回軸の位置）と正20面体の頂点（5回軸の位置）とから構成されています．菱形面の短対角線（正12面体の正5角形面の辺長）をaとし，長対角線（正20面体の正3角形面の辺長）をbとすると，$a:b = 1:\phi = 2:1+\sqrt{5}$ の黄金比です．正12面体の頂点のうち8個を使い，一辺ϕaの立方体を内接できるので，正12面体の外接球の半径は，$R_{12} = \sqrt{3}\phi \times \dfrac{a}{2}$ です．一方，正20面体の外接球の半径は，$R_{20} = \dfrac{b}{4} \times \sqrt{10+2\sqrt{5}}$ です．

$a=2$, $b=1+\sqrt{5}$, $\phi=1.618$ にすると，$R_{12}=2.80$, $R_{20}=3.08$ が得られます．
展開図の寸法は，作り易いように10倍にしました．

■ 3枚鏡で，正12面体 {5, 3} と正20面体 {3, 5} を作ろう

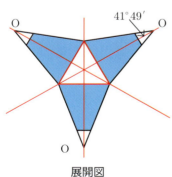

展開図

O点が一致するように
水色の鏡を3枚組み立て
赤い3角形の外側から覗きます．
Oの周囲は光の入るような3角形の窓になります．

鏡の中心角は5回軸の交差する角度
$\theta = 41°49'$ にします．

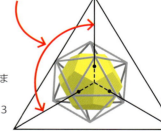

中心Oにこのような形状の物体を置くと，正12面体 {5, 3} が見える．

中心Oには光が入るように正3角形の窓が開いていて，正20面体の面になります

■ 正多面体3つが見える万華鏡を作ろう

正4面体（赤色），正6面体（青色），正8面体（緑色）が同時に見える万華鏡を作ってみましょう．

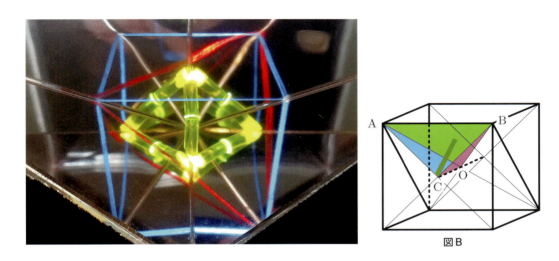

図B

鏡面をこちらに向けた展開図は下図Aのようになります．

鏡3枚△BCO，△ACO，△ABOを切り出し，上図Bのように組み立てます．

鏡△ACOと△ABOに筋状の傷をつけ，それぞれ赤，青の透明テープを貼り，赤い光と青い光が万華鏡内にもれるようにし，さらにCからABO平面に垂直に緑のアクリル棒を立てました．

△ABCはのぞき窓でCの外からのぞくと，赤－正4面体，青－正6面体，緑－正8面体が同時に観察できます．

図A　展開図（鏡の表面がこちら向き）

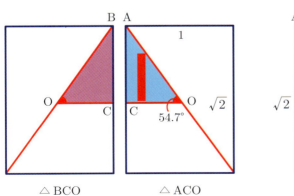
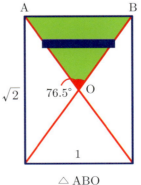

△BCO　　△ACO　　△ABO

必要な鏡の形は着色部です．これらの3角形を切り出しましょう．

コラム〈COLUMN〉

倉吉の御殿まり

　これらの御殿まりは，倉吉に在住の一人のご婦人が作ったものだそうです．どれも美しいですね．正6面体群（正8面体群）と正12面体群（正20面体群）の対称性が目につきます．

　御殿まりの模様を見て，5回軸，4回軸，3回軸を探してみましょう．

撮影：倉吉，白壁土蔵群赤瓦二号館にて

　さて，私が選んだ御殿まりは以下の正6面体群（正8面体群）のものでした．鏡映面は省略して，こちら側から見える回転対称軸のみ記入しました．

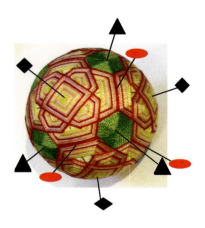

第3章

3

無限に続く繰り返し

周期的に繰り返す平面は，
平行4辺形のタイル(単位胞)で張りつくせます．
タイルを点と見なすと，
点が配列している格子が得られます．
周期的な平面はタイルによって
デジタル化された平面とも言えます．
周期的な平面や空間の性質を調べましょう．

1. 無限に広がる周期的な世界—結晶空間

■ 繰り返しの周期

　黒と白のタイルの市松模様が無限に広がっています．あなたはどこかの白いタイルの上にいます．市松模様の世界は無限に広がっているので，自分のいる場所がいつも世界の真ん中に思えます．

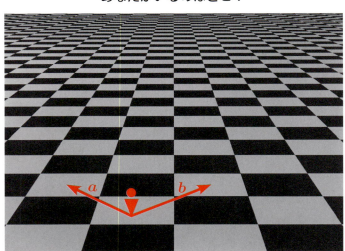

あなたがいるのはどこ？

　図には，白いタイルから，隣の同価な白いタイルへの移動を示すベクトル（矢印）が記入されています．

　2次元の世界ですから2つの独立なベクトル a, b が基本周期になります．白いタイル（黒いタイルも）を基本周期 a, b の繰り返しで平行移動することを**並進**といいます．

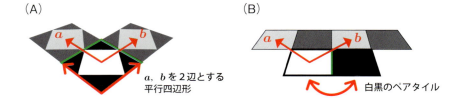

　市松模様を張る単位タイルは，例えば，図(A)や(B)の枠で囲んだものです．これらの面積は同じです．((B)は白黒タイルのペアが単位タイルです)

　注）$na+mb$ は，a 方向に n 個，b 方向に m 個の移動（並進）の意味です．
　　　整数 (n, m) の点（格子点）$na+mb$ はすべて同価な点で，格子点の集合を**格子**といいます．
　　　格子点の集合（無限集合）は加法で閉じており，群という代数系になります（これを**並進群**といいます）．

2. 5種類のデジタル平面

周期的な平面は単位タイル(胞)を点と見なすと，格子になります．つまり周期的な平面はデジタル化された平面です．

■ ブラベー格子

デジタル化された平面には，周期性と，方向で景色が異なる異方性があります．

> どの方向も景色は同じ
> どの場所も状態が同じ

等方性で一様な連続平面 → デジタル化 → **異方性と周期がある デジタル平面**

> 方向で景色が異なる

> 無限に広い一様な平面のデジタル化とは，平面を1種類のタイルで張り尽くすことと同じです．

注)非周期のタイル張り(デジタル化)も可能ですが，格子になるのは周期的なデジタル化のみです．

周期の図形表現が格子ですが，格子の対称性で2次元のデジタル平面を分類すると5種類のタイプがあります．この分類は研究した人の名前をつけて**ブラベー格子**と呼ばれます．

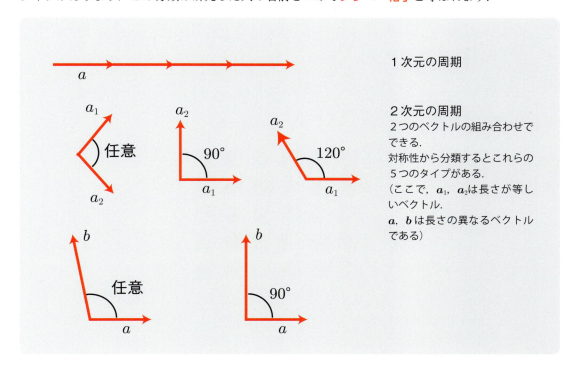

1次元の周期

2次元の周期
2つのベクトルの組み合わせでできる．
対称性から分類するとこれらの5つのタイプがある．
(ここで，a_1, a_2は長さが等しいベクトル．
a, bは長さの異なるベクトルである)

空間のデジタル化

(1) 信号灯のデジタル化

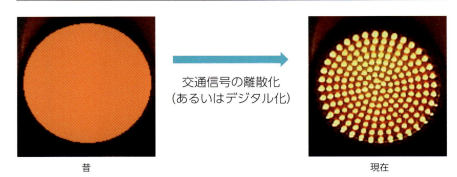

交通信号の離散化
(あるいはデジタル化)

昔　　　　　　　　現在

　最近の交通信号は，発光ダイオードのドットが円盤内に配置されています．
　本来，円盤内は連続平面ですが，ドットの配置で表現される円盤は，**デジタル化**(**離散化**ともいいます)されています．

(2) デジタル画像

　デジタル画像は，小さなドット(画素)が並んでできているのですが，肉眼では画素を分解できず，連続な平面(アナログ画像)のように見えます．
　人間の網膜も視細胞が配列したデジタル化された平面です．結晶は原子や分子が詰まった単位ブロック(胞)があり，これがきちんと積み重なった周期的な構造で，デジタル化された空間の例です．
　デジタル化された世界では，ドット数を1つ2つと数えることができます．ドットを十分小さくすれば，ドットはいくらでもこの世界に入ります．このような世界を，"**可算無限**"の世界といいます．一方，連続な円盤平面は，点を数えることすらできないほどの"**非可算無限**"の世界です．

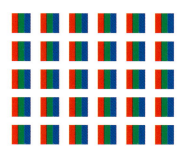

(例)有理数(分数で書ける数と，整数)の世界は可算無限個，無理数(分数では書けない数，例えば$\sqrt{2}$など)の世界は非可算無限個です．

コラム〈COLUMN〉

結晶世界

　結晶の内部は周期的な世界です．5cmくらいのシリコン結晶の内部は単位となるブロック(胞)が一列に10^8個も整然と並んでいます(体積でいうと10^{24}個含まれます)．この繰り返し数は無限ではありえませんが，実用上は無限と考えてよいほどの大きな数です．

　全く同じ造作の部屋が周期的に整然と積み重なって並んでいるホテルを想像してください．そんなホテルでは予想外の不思議なことが起こりそうです．たとえば，半導体のシリコン結晶の中に電子を1つだけ置いたとしたら，電子はどの部屋にいるべきでしょうか？　電子も迷ってしまうでしょう．すべての部屋は同じ条件なのですから，どの部屋にも同じように，出現しなければなりません．つまり，1個の電子は波動となって結晶全体に広がります．シリコン結晶内の電子の存在確率は，結晶空間の周期をもった関数であることが知られています(ブロッホ関数といいます)．無限に部屋が繰り返すホテルはお化け屋敷のようですね．

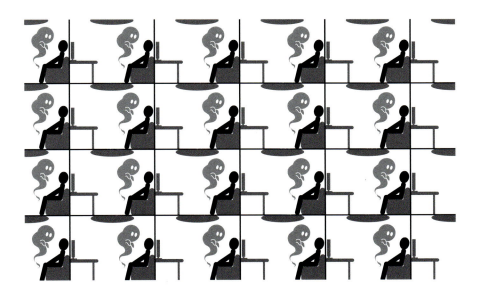

■ デジタル平面の分類

タイルの対称性中の記号 ■◆● はそれぞれ 4, 6, 2 回回転軸を示します．
m は鏡映面（偶数の回転対称では色の違う 2 種類 m, m' があります）です．

■ 正方格子

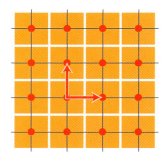
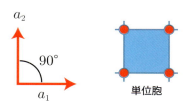
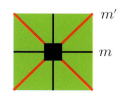

90° の角をつくるベクトル a_1 と a_2 の組み合わせ
2 次元の周期は 2 つのベクトルの組み合わせでできる．

単位胞

$4mm$
タイルの対称性

■ 六方格子

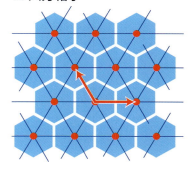
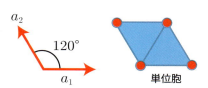

120° の角をつくるベクトル a_1 と a_2 の組み合わせ．

単位胞

$6mm$
タイルの対称性

■ 菱形格子（面心格子）

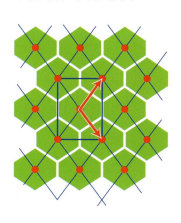
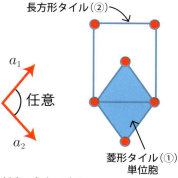
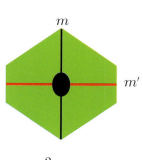

長方形タイル（②）

菱形タイル（①）
単位胞

任意の角をつくるベクトル a_1 と a_2 の組み合わせ．

$2mm$
タイルの対称性

■ 直方格子

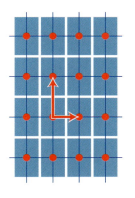
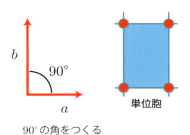
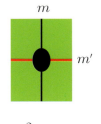

90°の角をつくる
ベクトル a と b の組み合わせ．

$2mm$
タイルの対称性

■ 一般格子

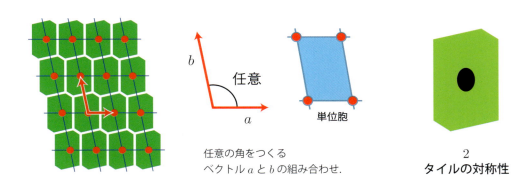

任意の角をつくる
ベクトル a と b の組み合わせ．

2
タイルの対称性

　一般格子を使って，**単位胞**と**ディリクレ胞**の作図を説明します．
① 1つの格子点を中心に，隣接格子点への赤線を引く．
② 隣接格子点間(赤線)の垂直2等分線(水色)を引く．
　そこでできる垂直2等分線で囲まれたタイルがディリクレ胞(黄緑色)です．

　並進 a, b で囲まれた平行4辺形(水色)は単位胞となり，単位胞とディリクレ胞の面積は同じです．

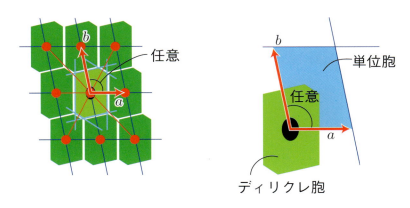

3. 最密充填問題

　空間や平面に同じ大きさの球や円をできるだけ密に詰め込むと，周期的な構造になるようです．これについて調べてみましょう．

■ 平面に円を詰め込む

　ここでは，平面に同じ大きさの円を詰め込む方法を調べます．タイル張りのときとは異なり，円を詰め込むと平面に隙間ができます．
　最も充填率の高い(隙間の少ない)詰め込み方はどのようなものでしょうか．

Q (A)と(B)ではどちらが充填率が高いでしょうか．

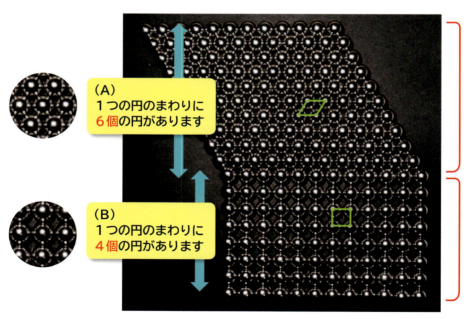

緑で囲んだものが単位胞です

コラム〈COLUMN〉

ケプラー予想

> 同じ大きさの球を，もっとも密に3次元空間（無限に続き境界はない）に詰め込む方法は，立方最密充填，六方最密充填，および，両者の混合であり，これらの充填率はすべて 0.7405… である（☞ p.58参照）．

　周期的な配置なら**ケプラー予想**が正しいことは，直観でわかるが，ランダムな配置まで含めて予想が成立することを証明するのは難問です．

　1998年に至り，トマス・ヘールズによってコンピュータを駆使して肯定的に証明されました．ケプラーの提唱(1611)から問題の解決までに実に400年を要しました．

円の直径を1とすると，円の面積は $\frac{\pi}{4}$．単位胞の中に円が1つ含まれます．

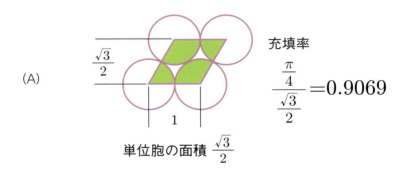

(A) 充填率 $\dfrac{\frac{\pi}{4}}{\frac{\sqrt{3}}{2}} = 0.9069$

単位胞の面積 $\frac{\sqrt{3}}{2}$

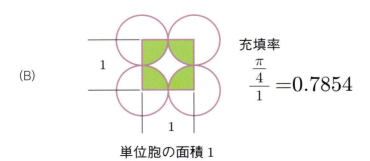

(B) 充填率 $\dfrac{\frac{\pi}{4}}{1} = 0.7854$

単位胞の面積 1

A (A) 　(A)の配列様式は最も充填率が高く，**最密充填構造** と呼ばれます．

■ 3次元空間の最密充填（ケプラー予想の周期的な解）
―同じ大きさの球を空間に最も高密度に詰め込んだ構造―

　図は同じ大きさの球を接するように並べたシートです．
　1つの玉のまわりに6個の玉が接します．
　球の並んだこのシートを積み重ねますが，緑印の位置に球が乗るようにシートを積む方法と，青印の位置に球が乗るようにシートを積む方法があります．
　黄色いシートの上のシートは緑印の位置，下のシートは青印の位置に球がくるように積んだものが(A)，黄色いシートの上も下も青印の位置に球がくるように積んだものが(B)です．

　1つの球の周りに接するように配置できる球の数は，球の周囲平面に6個，上下に3個づつの最大12個です．黄色の球の上下の層の3つの球の配置は，次の2通りが考えられます．

(A)上下の層で異なる（上は緑色の位置，下は青色の位置）の場合 → **立方最密充填**
(B)上下の層とも同じ（青の位置）の場合 → **六方最密充填**

があります．

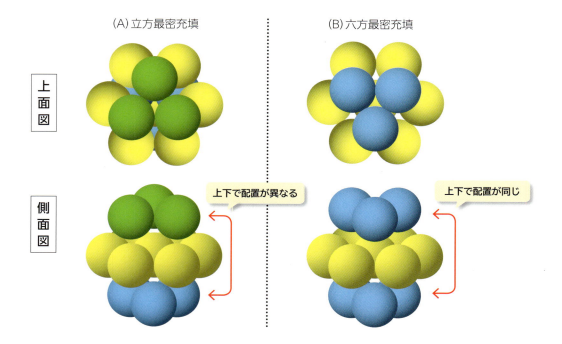

■ 立方最密充填構造（A）は立方面心格子と同じ

下図を見てください．青い球の並んだ層の上に，黄色い球の並んだ層が乗り，さらにその上に緑の球の並んだ層が乗っています．これは，**立方面心格子**（☞ p.61参照）を体対角線の方向から見たもの（右側の図）と同じです．

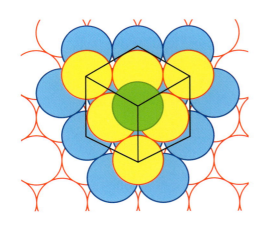 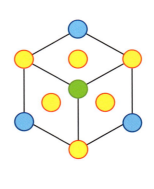

■ 金属で見られる最密充填構造

多くの金属元素の結晶では，球形の金属原子が互いに引き合い積み重なって最密充填構造になります．

(A) 立方最密充填構造になる金属
　　金，アルミニウム，銅，など．

(B) 六方最密充填構造になる金属
　　亜鉛，マグネシウム，コバルト，など．

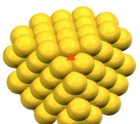 

3回軸方向から見た図　　　　　3回軸方向から見た図

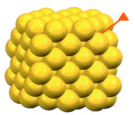 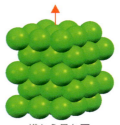

横から見た図　　　　　横から見た図

4. 立方体と同じ対称性の空間デジタル化

■ デジタル化された空間

平面のデジタル化と同様に，今度は空間のデジタル化を考察します．

空間のデジタル化とは，1種類の多面体を面と面が接するように並べて，隙間なく空間を埋め尽くすことです．

| 空間のデジタル化 ⇒ | 1種類の多面体を面と面が接するように並べて，隙間なく空間を埋め尽くす |

例えば，角砂糖のような立方体(立方体Ⓐとする)を並べて，空間を埋め尽くせます．

■ 立方体

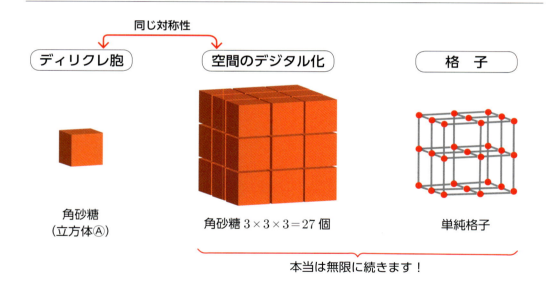

立方体Ⓐと対称性が同じ多面体で，空間のデジタル化ができる多面体に，立方体心格子を生む菱形12面体Ⓑと，立方面心格子を生む切頂8面体(別名ケルビン立体Ⓒ)があります．

これら3種の多面体(ディリクレ胞)により**デジタル化された空間**3種の様子を図示します．これらは皆，立方体と同じ対称性の仲間です．次節でこの仕組みを調べましょう．

■ 菱形12面体

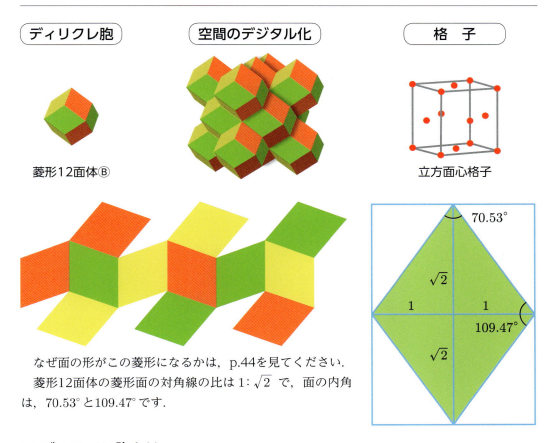

なぜ面の形がこの菱形になるかは，p.44を見てください．
菱形12面体の菱形面の対角線の比は $1:\sqrt{2}$ で，面の内角は，$70.53°$ と $109.47°$ です．

■ ディリクレ胞とは

中心に1つの格子点を置き，まわりの格子点との間の垂直2等分面を描きます．この垂直2等分面で囲まれた凸多面体が**ディリクレ胞**（あるいは**ウィグナー–ザイツ胞**）と呼ばれる立体です．格子点にディリクレ胞を配置すると，空間を隙間なく埋め尽くすことは，ディリクレ胞の作り方から明らかでしょう．

■ 立方面心格子のディリクレ胞の作り方

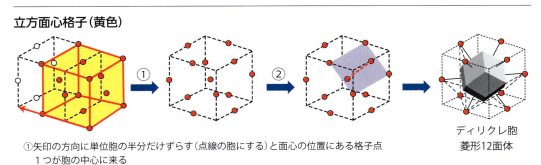

①矢印の方向に単位胞の半分だけずらす（点線の胞にする）と面心の位置にある格子点1つが胞の中心に来る
②格子点間の垂直2等分面で囲まれた立体を作る

■ 立方8面体

立方体心格子のディリクレ胞（切頂8面体（別名ケルビン立体））の作り方

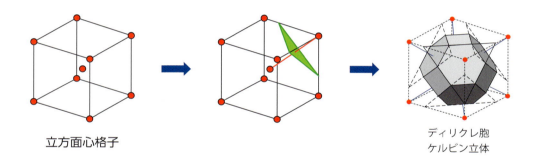

切頂8面体 [4, 6, 6]（準正多面体）別名ケルビン立体の展開図

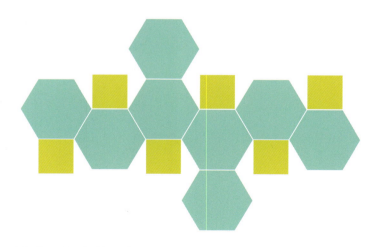

正方形と正六角形の面からできている立方体心格子のディリクレ胞

5. 空間を充填する多面体の組み合わせ

■ 組み合わせの連続変化

組み合わせの状態が立方体の築み上げ（単純格子）から，2種類の多面体（対称性は同じ）の組合せを経て，切頂8面体の築み上げ（体心格子）へと連続変化します．この間，対称性は立方体と同じで変りません．

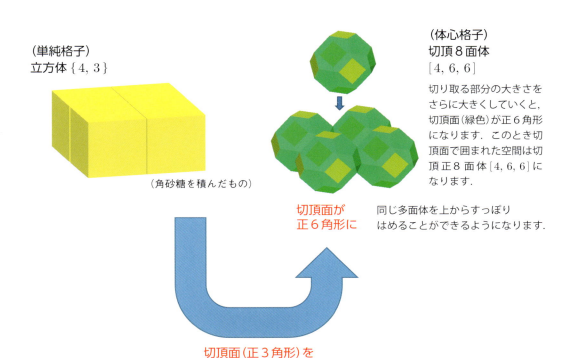

（単純格子）
立方体 {4, 3}

（角砂糖を積んだもの）

切頂面が
正6角形に

切頂面（正3角形）を
徐々に大きく

（体心格子）
切頂8面体
[4, 6, 6]

切り取る部分の大きさをさらに大きくしていくと，切頂面（緑色）が正6角形になります．このとき切頂面で囲まれた空間は切頂正8面体 [4, 6, 6] になります．

同じ多面体を上からすっぽりはめることができるようになります．

切頂6面体 [3, 8, 8] と正8面体 {3, 4}
　　　　　　黄色い立方体　　　　青い部分

立方体の角を切り取った切頂6面体（黄色）が並んでいます．切頂面（正3角形）で囲まれた空間は正8面体（青色）です．

立方8面体 [3, 4, 3, 4] と正8面体 {3, 4}
　　　　　　黄色い立方体　　　　青い部分

切り取る部分（緑色の正3角形）の大きさを次第に大きくしていきます．
切り取る3角形がぶつかるところまでくると，黄色い部分は正方形になっています．

(1) 正8面体 {3, 4} と立方8面体 [3, 4, 3, 4] による空間の充填

正8面体の頂点がつながるように積み重ねてみましょう．各頂点は2つの正8面体をつないでいます．

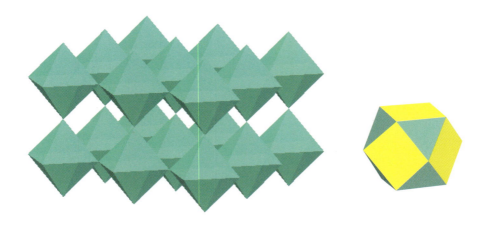

このとき生じる穴は右図のような立方8面体 [3, 4, 3, 4] です．正8面体と立方8面体で空間を充填できます．このときの両者の個数比率は 1 : 1 です．

このような空間充填は，ペロブスカイト $CaTiO_3$ という物質の結晶構造に見られます．

正8面体の頂点に酸素原子があり，正8面体をつないで骨組みを作っています．

正8面体(青色)の中心にはチタン原子，骨組み中の空いた穴(黄色)の中心にはカルシウム原子があります．

ペロブスカイト構造は，強誘電体や酸化物高温超伝導材料などの結晶構造に見られます．

また地殻を作るケイ酸塩鉱物 $MgSiO_3$ (カンラン石など)はマントル下部の超高圧下でこの構造になることが知られています．

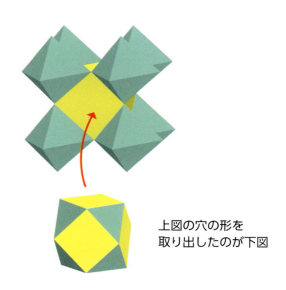

上図の穴の形を取り出したのが下図

> **Q** 前ページの(1)の組み合わせで，正8面体と立方8面体 [3, 4, 3, 4] の個数比は 1：1です．どのようにして数えますか？

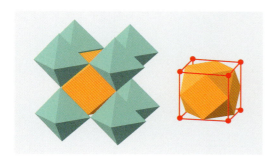

> **A** 赤い格子の中に立方8面体が1つ納まっています．格子の8つの頂点に隙間がありますが，この隙間は青い正8面体の $\frac{1}{8}$ の形です．したがって8つ集めると正8面体1つになります．

　　よって，個数比は，
　　正8面体：立方8面体＝1：1

あるいは，こんな説明もできます．
　立方8面体は赤い格子の中心（茶色点）にあります．正8面体は赤い格子の頂点（青色）にあります．赤い格子をちょっとずらしたとイメージしてください．中心の点（茶色）は，まだ赤い格子の中に含まれています．しかし，8つの頂点のうちずらした方向にある1つだけが赤い格子の中に含まれ，残りの7つの頂点は赤い格子の外になります．これで，単位胞の中に，正8面体と立方8面体は1：1で含まれることがわかります．

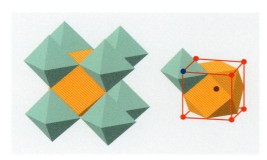

(2) 正8面体と正4面体による空間の充填

　正8面体だけでも正4面体だけでも空間充填ができません．正8面体の各稜が2つの正8面体に共有されるように並べたときにできる隙間は正4面体です．したがって，正8面体の配列の隙間に正4面体が入り込みます．空間充填をするときの正8面体と正4面体の個数比は1：2です．次ページの問題の説明をみてください．

正4面体（緑色）4つでできる2倍サイズの正4面体の中央には，正8面体（黄色）が埋まります．

ダイヤモンドの結晶構造

立方体の単位胞の中に，正4面体が4つ入っています．1つの正4面体の4つの頂点と，中心に炭素原子があります．正4面体の各頂点で，4つの正4面体がつながっています．

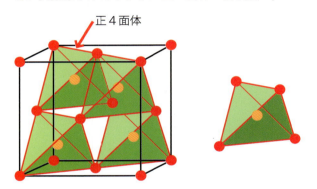

注）結晶構造に多面体が入っているわけではありません．多面体は説明の都合で描いただけです．たとえば，ダイヤモンドでは赤丸の位置（面心）と内部のオレンジ色の位置に炭素原子が並んで周囲の最近接の原子4つと互いに結合しています．

Q 前ページの(2)の組み合わせで，正8面体と正4面体の個数比は，1：2です．どのようにして数えますか？

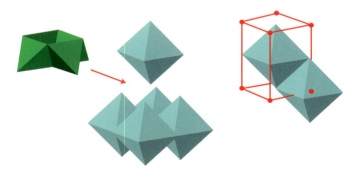

A 正8面体が辺を共有するように配列しています．赤枠の正方格子の中に正8面体が2つ入ります．なぜなら，1つは丸々入り，赤枠内の8つの頂点周りにある間隙には正8面体の $\frac{1}{8}$ の形が入るからです．さらに，正8面体間には間隙があり，その形は正4面体（緑色）です．ただし，赤枠の中に入るのは正4面体の $\frac{1}{2}$ の形で，上側に $\left(\frac{1}{2}\right) \times 4$ 個，下側も同様ですので合計4個が赤枠内に入ります．

よって，個数比は；正8面体：正4面体＝2：4＝1：2

Cube 充填パズル

OSA 工房，小梁修による

写真 1

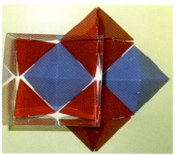

写真 2

① 立方体の 6 つの面の中心に正 8 面体を配置しましょう．どの正 8 面体も立方体の壁で半分に切られるので切り口の正方形が（写真の青色と黄色）見えています．

（正 8 面体が立方体内部に $6 \times \frac{1}{2} = 3$ 個含まれる）（写真 1）

② 立方体の 8 つの頂点にも正 8 面体を配置しましょう．これらは，立方体内部には正 8 面体の $\frac{1}{8}$（写真の赤色）ずつ入ります．

（正 8 面体は立方体内部に $8 \times \frac{1}{8} = 1$ 個含まれる）（写真 1）

③ 正 8 面体を詰めただけでは，立方体の内部に 8 ヶ所の正 4 面体の隙間が残ります．写真 2 は下面に並んだ正 8 面体が作る 4 ヶ所の正 4 面体間隙を示します．上面の裏も同様に 4 ヶ所の正 4 面体間隙があります．（写真 2）

④ 結局，正 8 面体 4 個と正 4 面体 8 個が立方体の内部に含まれることがわかります．

⑤ この立方体が繰り返し並んでいる様子を想像してください．写真 2 は立方体の外に繰り返し並んでいる様子です．このパズルは単位胞だけ切り出して，その内部を充填するために，正 8 面体がまるごと入らず，正 8 面体の半割や $\frac{1}{8}$ 割の部品が必要です．正 8 面体と正 4 面体が 1：2 の比率で規則的に空間を充填するのがわかるでしょう．

写真 3　　　　　　　写真 4

ピラミッドが稜を共有して 4 つ並んでいます（写真 3）．これらのピラミッドは正 8 面体の上半分が紙面の上に出現したものと思ってください．ピラミッド間の 4 つの隙間には，正 4 面体が入り，写真 4 のようになり，残された中心の穴には正 8 面体の下半分が入ることが理解できるでしょう．

6. 一般多角形による平面タイル張り

■ 基本となる平行4辺形と平行6辺形

平行4辺形や平行6辺形は，平面を敷き詰める（タイル張りする）ことができます．

● 平行4辺形とは下図の(A)のような形です．これらは，向かい合った平行な辺どうしは同じ長さです．向かい合った辺どうしを突き合わせて平面を敷き詰めることができます．向かい合った辺に同じような変形を加えて図案のモチーフを作ります．このようにエッシャーの2羽の鳥の作品が作られました．

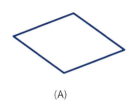
(A)
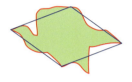

● 平行6辺形は平行な辺どうしが同じ長さの図形で，下図の(B)，(C)のような形です．これらも同様に平面を敷き詰めることができます．向かい合った辺に同じような変形を加え，図案のモチーフを作るとエッシャーの様な繰り返す絵が作れます．私は，ハロウイン魔女を作って見ました．

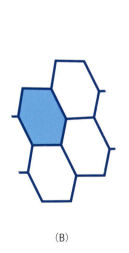
(B)

(C)

平面は 2 次元ですから独立な並進ベクトルは 2 つ a, b です. a, b を 2 辺とする平行 4 辺形が平面を充填する並進の単位（単位胞）となります. 3 つの並進ベクトルがとれる凸平行 6 辺形も**タイル張り**が可能ですが, a, b, c の間に $c = b - a$ の関係があり, 独立な並進ベクトルは 2 つです.

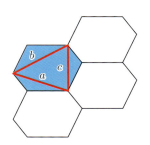

凸 6 角形タイルで平面の充填ができるものは, 以下に図示する 3 つのタイプがあります. 凸平行 6 辺形は第 1 のタイプに含まれます.

①第 1 タイプは, 2 つのタイルが並進の単位を作る

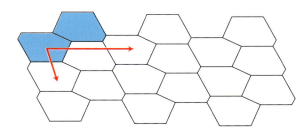

②第 2 タイプは, 4 つのタイルが並進の単位を作る

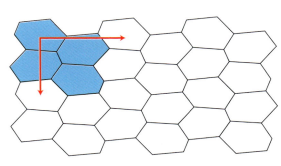

③第 3 タイプは, 3 つのタイルが並進の単位を作る

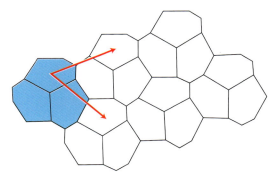

凸5角形によるタイル張り4種を発見した主婦マジョリー・ライス

　平面張り詰めができる凸5角形タイルの形は，次ページの5角形タイルだけではありません．フランスの数学者マイケル・ラオがコンピュータを使い，全部で15種類を数え上げ（2017）決着したようですが，その論文はまだ査読中です．このような数え上げの問題が難しいのは，演繹的な数学が使えないからです．

　米国サンディエゴの主婦マジョリー・ライスが，タイル張りの問題を知ったのは，1975年の Scientific American 誌のマーチン・ガードナーのコラムでした．平面のタイル張り，別の言い方をすれば，一つのタイルで平面を分割する（テッセレーション）問題です．

　平面のタイル張りは，任意の3角形，任意の4角形タイルで可能，凸7角形以上では不可能です．凸6角形の場合に，全部で3タイプのタイル形で可能なことをラインハルトが証明しました（1918）．残されたのは凸5角形の場合で，1975年のガードナーのコラムには，ラインハルトの5タイプと1967年にカーシュナーが発見した3タイプの計8タイプが掲載されていました．ところが新しいタイプがまだあったのです．

　マージョリ（フロリダ州生まれ）が，高等学校で数学を学んだのは1年だけでした．1945年，結婚しワシントン D.C. に移り，幼い息子と一緒に，その地で商業デザイナーとして働き，後にサンディエゴに移住します．数学が楽しみで，黄金比とピラミッドに魅了されていたといいます．子どもたちが学校に通っている間に自分も読めるようにと，息子達に Scientific American の定期購読を許しました．

　この問題では，5角形タイルのタイプ分けがとても難しい．連続変形によりどちらのタイプにも属するタイルがあるし，同じタイプでも出来上がったパターンが全く違うように見えたりもします．彼女は発見に驚き喜んで，自分の仕事をガードナーに送りました．ガードナーはそれをペンシルバニア州のモラヴィアン・カレッジのタイリング問題の専門家であるドリス・シャトシュナイダーに送ってくれました．シャトシュナイダーは，彼女の発見が正しいことを確認したのです．彼女は，張り詰め可能な4つの新しい凸五角形タイプと，それらによるほぼ60種類のテッセレーションを発見しました（1977）．1975年以降にマジョリーの4種を含む計7種が発見されています．最後に発見（2015）された15番目は，やはり周期的なものですが，単位胞が12個の5角形で構成される大きなもので，発見にスーパーコンピュータが使われました．マジョリーは2017年7月2日94歳で亡くなりました．認知症のため，5角形タイリングの問題がついに完結したのを知ることはありませんでした．ワシントンにある数学協会のロビーの床タイルに，彼女の発見した5角形テッセレーションの1つ（エッシャー風の絵）が見られるといいます．
マジョリー・ライスについては，Natalie Wolchover の記事（Quantamagazine, 2017）
https://www.quantamagazine.org/marjorie-rices-secret-pentagons-20170711/
をご覧ください．

注）凸5角形タイルの非周期タイル張りに関しては，3回以上の任意の回転対称のものが作れることが知られています．

■ 任意の４辺形と任意の３角形

●任意の４辺形は，180°回転したものと組み合わせると平行６辺形になります．
下図の４種の組み合わせが可能ですが，どの平行６辺形のタイルを用いても同じ敷き詰めになります．

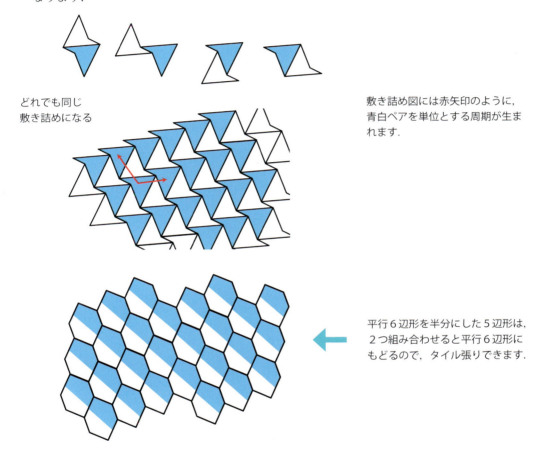

どれでも同じ敷き詰めになる

敷き詰め図には赤矢印のように，青白ペアを単位とする周期が生まれます．

平行６辺形を半分にした５辺形は，２つ組み合わせると平行６辺形にもどるので，タイル張りできます．

●任意の３角形は，180°回転したものと組み合わせると，平行４辺形や平行６辺形になるので，平面を敷き詰めることができます．
三角形の図をあわせると３通りありますが，模様としてはどれも同じです．

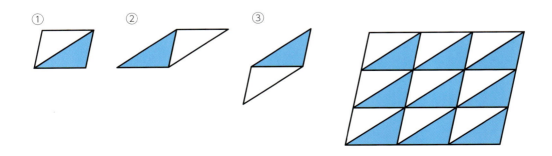

7. アルキメデスのタイル張り

■ 正多角形の組み合わせ

2種類以上の正多角形を組み合わせて平面をタイル張りすることを考えます．

ただし，次の条件1，2があります．

> 1. すべてのタイルが正多角形で，2種類以上のタイルがある．
> 2. どの頂点のまわりも，同一の順序で，タイルが並んでいる．
>   ただし，右回りと左回りによる並び方の違いは，同じものとみなす．

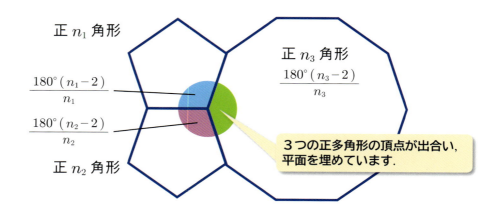

注) 正 n 角形の1つの内角の大きさは $\dfrac{180°(n-2)}{n} = 180°\left(1 - \dfrac{2}{n}\right)$

頂点でつき合される正多角形の個数に応じて場合分けして，次のような (1)〜(4) の式が得られます．

(1) 3つの正多角形の頂点が出会う場合

1点の周りで，正 n_1，n_2，n_3 角形の頂点が出会うとします．ただし，n_1，n_2，n_3 に同じものがあってもかまいません．例えば，$n_1 = n_2 = n_3$ なら1種類の正多角形が頂点で3つ出会うタイル張りです．

$$180° \left[\left(1 - \frac{2}{n_1} \right) + \left(1 - \frac{2}{n_2} \right) + \left(1 - \frac{2}{n_3} \right) \right] = 360°$$

$$\frac{2}{n_1} + \frac{2}{n_2} + \frac{2}{n_3} = 3 - 2 = 1$$

(2) 4つの正多角形の頂点が出会う場合

$$\frac{2}{n_1} + \frac{2}{n_2} + \frac{2}{n_3} + \frac{2}{n_4} = 4 - 2 = 2$$

(3) 5つの正多角形の頂点が出会う場合

$$\frac{2}{n_1} + \frac{2}{n_2} + \frac{2}{n_3} + \frac{2}{n_4} + \frac{2}{n_5} = 5 - 2 = 3$$

(4) 6つの正多角形が頂点で集まるのは，正三角形が6つの場合のみです．

(1)，$\cdots$，(3)をそれぞれ解いて，整数解 n_1，n_2，$\cdots$，$n_5 \geqq 3$
を求める訳ですが，得られた解はタイル張りの必要条件を満たす候補で，これらの候補がタイル張りを実現できるか調べる必要があります．

結局，11種類のタイル張り(うち3種は1つの正多角形でできるタイル張り)があります．

■ 実現可能なタイル張り

■ 正多角形によるタイル張り

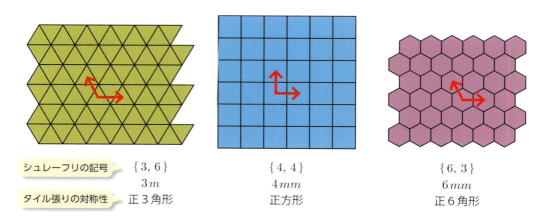

シュレーフリの記号	{3, 6}	{4, 4}	{6, 3}
タイル張りの対称性	$3m$	$4mm$	$6mm$
	正3角形	正方形	正6角形

注) 3角形, 4角形のタイルでは, 頂点が1点で会合しないような, ずらしたタイル張りも存在しますが, それらはここでは対象としません.

■ 頂点で3つのタイルが会合する場合

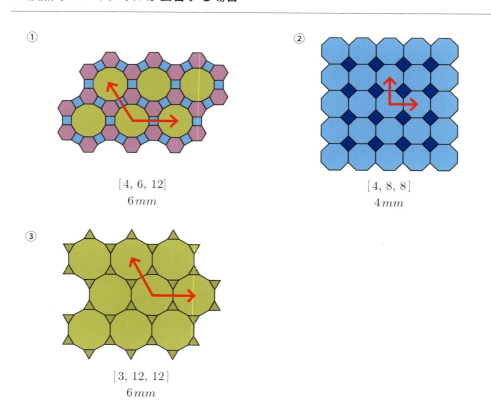

① [4, 6, 12]　$6mm$

② [4, 8, 8]　$4mm$

③ [3, 12, 12]　$6mm$

■ 頂点で４つのタイルが会合する場合

④
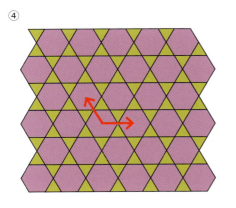

[3, 6, 3, 6]
6mm

⑤
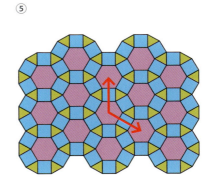

[3, 4, 6, 4]
6mm

■ 頂点で５つのタイルが会合する場合

⑥
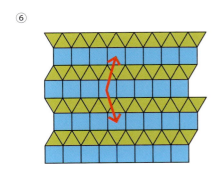

[3, 3, 3, 4, 4]
2mm

⑦
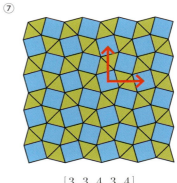

[3, 3, 4, 3, 4]
4

⑧
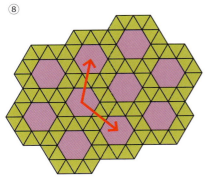

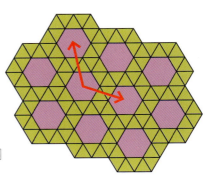

時計回りと反時計回りの区別をしないので，１つと数えます．

[3, 3, 3, 3, 6]
6

8. 周期のないタイル張り

　1種類のタイルで平面を規則的にタイル張りすると，かならず周期が生じてしまうと思うかもしれませんが，周期のできないタイル張りも可能です．2つの例を示します．

■ フォーデルベルク・タイリング

　フォーデルベルク・タイリングとは1936年にフォーデルベルクが示した奇妙なタイル張りです．これは1種類の9辺形のタイル(カニのツメのよう)だけでできていて非周期です．

　目玉が2つある螺旋で，9辺形タイル(黄色)と9辺形タイルを2つ組み合わせて作った平行8辺形(オレンジ＋緑色)を規則的に組み合わせていることがわかるでしょう．これを単純化した非周期タイル張りもしめしておきます．

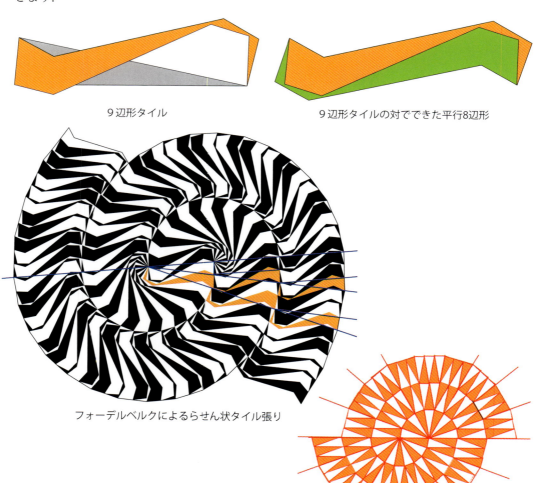

9辺形タイル　　　　　　　　9辺形タイルの対でできた平行8辺形

フォーデルベルクによるらせん状タイル張り

■ ペンローズ・タイリング

1966年にロジャー・ペンローズが考案した**ペンローズ・タイリング**は，2種類のタイルによる規則的ではあるが，周期的ではないタイル張りの一つです．

以下で2通りの作り方を示します．

① 分割して作る

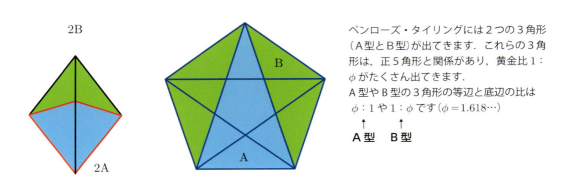

ペンローズ・タイリングには2つの3角形（A型とB型）が出てきます．これらの3角形は，正5角形と関係があり，黄金比1：ϕ がたくさん出てきます．
A型やB型の3角形の等辺と底辺の比は $\phi:1$ や $1:\phi$ です（$\phi = 1.618\cdots$）．

黄金比の3角形には，分割すると同じ型の3角形が現われる性質があります．

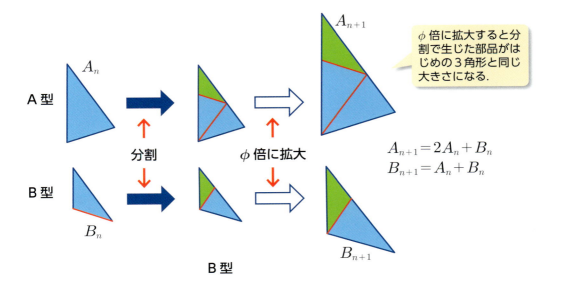

ϕ 倍に拡大すると分割で生じた部品がはじめの3角形と同じ大きさになる．

$$A_{n+1} = 2A_n + B_n$$
$$B_{n+1} = A_n + B_n$$

分割と φ 倍に拡大のセットを繰り返すと，2 種類のタイルが全平面を埋めていきます．

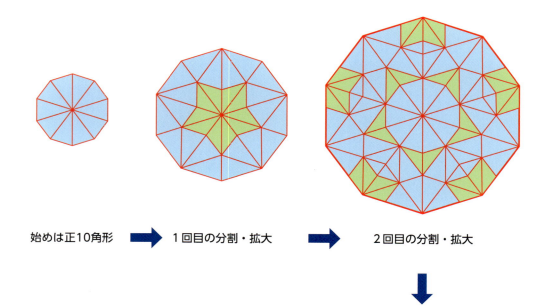

始めは正10角形 → 1回目の分割・拡大 → 2回目の分割・拡大

タイルの細分化が十分進んだときの
A のタイルと B のタイルの個数の比は
$\phi(=1.6180\cdots):1$
黄金比になります．

$$A_n = 2A_{n-1} + B_{n-1}$$
$$B_n = A_{n-1} + B_{n-1}$$

$$\frac{A_n}{B_n} = 1 + \frac{\frac{A_{n-1}}{B_{n-1}}}{\frac{A_{n-1}}{B_{n-1}} + 1}$$

$n \to \infty$ で $\dfrac{A_n}{B_n} \to \lambda$ に収束すると，$\lambda = 1 + \dfrac{\lambda}{\lambda + 1}$

$$\lambda^2 - \lambda - 1 = 0$$

$$\lambda = \frac{1 + \sqrt{5}}{2} = 1.6180\cdots$$

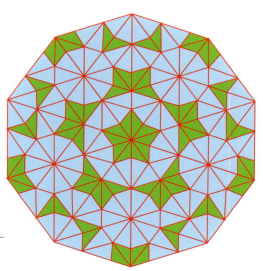

3回目の分割・拡大

② 正5角形のフラクタル配置からペンローズ・タイリングを作る

　正5角形の周囲に正5角形を配置し，一回り大きな正5角形を作ります．これをさらに一回り大きな正5角形の内に並べます．これを次々繰り返すと，全平面を埋め尽くす正5角形のフラクタル配置ができます．ギャップができますが，気にしないで配置を進めます．

　実は，後でギャップの中も正5角形(白色)で埋め，最終的には，王冠型，星型，やせた菱形のギャップが残されることになります．

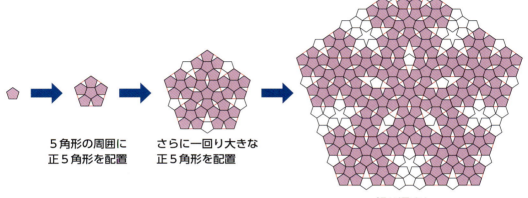

5角形の周囲に正5角形を配置　　さらに一回り大きな正5角形を配置

繰り返すと…
さらに繰り返すと正5角形，王冠型，菱形で平面が埋め尽くされます．

　上図は，この操作を3回繰り返したところです．この図をよく見ると，下図のような2種類のタイル(黄色と青色の菱形)で置き換えることができることがわかります．

　右図の大きな**ペンローズ・タイリング**はこのようにして得たものです．このペンローズ・タイリングには，中心に5回回転対称が残っていますが，中心の回転対称を消す配置も可能です．

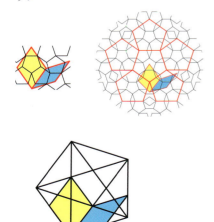

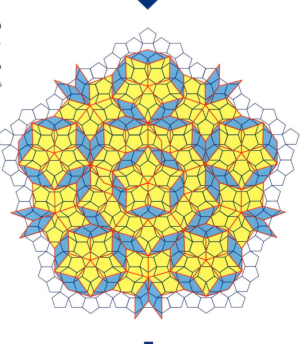

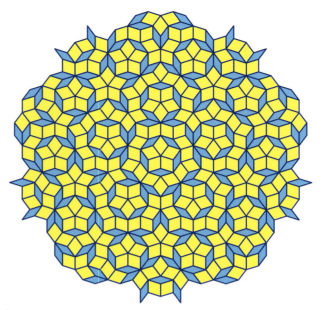

出来上がったパターンは，太った菱形（黄色）と痩せた菱形（青）で置き換えていくと，良く知られたペンローズ・タイリングになります．

ペンローズ・タイリングに出てくる「太った菱形」と「痩せた菱形」のどちらも正5角形の中に現れる2つの3角形の組合わせで作られます．

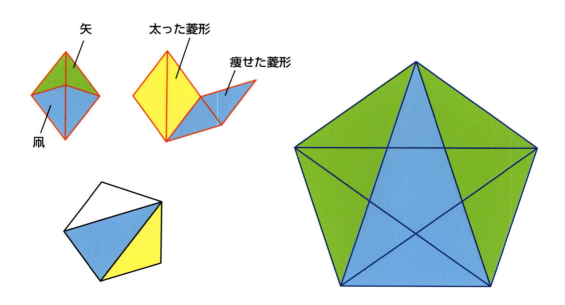

9. 高次元空間からの影

高次元空間の周期性は，低次元の空間の中に反映されるとは限りません．ここではそのような例を見てみましょう．

■ 2次元の周期的な世界から1次元の非周期の世界へ

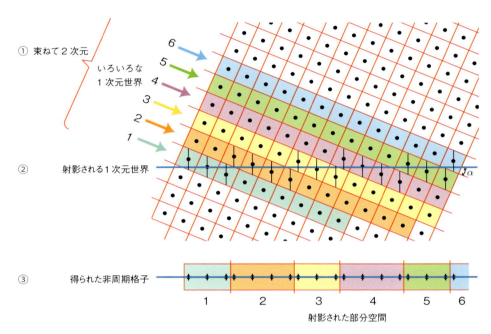

2次元の周期的な世界から1次元の非周期の世界への影

　1辺の長さが1の正方形のタイル（赤色格子）を隙間なく張り詰めた周期的な2次元世界があります．タイルの中心に格子点があるとして，格子点を"1次元世界（水平な青色の線）"に射影しましょう．この1次元世界（青色の水平線）が過るタイルだけが影を作る対象になります．

①2次元の世界は，1次元の世界1, 2, 3, 4, 5, 6……（それぞれ色を変えた）を束ねてできています．射影のスクリーンとなる1次元世界（水平な青色直線）は，これらの1次元世界1, 2, 3, 4, 5, 6, …と角度 α で交わっています．$\tan \alpha = n/m$ と有理数なら，1つの格子点が青色の直線に乗れば，その格子点がある部分空間の中で m 個のタイルを動き，他の部分空間に向って n 個のタイルを動いた場所にある格子点は，また青色の直線に乗っているはずで，青色の1次元世界にも周期ができています．もし $\tan \alpha$ が無理数なら，1つの格子点が水平な青色直線に載ったら，他の格子点でこの直線に載るものはないはずです．このときは，青色の1次元世界は非周期になります．

②射影されてきた1次元の非周期格子を，図の下に取り出しました．
　この非周期格子の格子点は，各1次元空間1, 2, 3, 4, 5, 6, …内に起源をもつ間隔と，次の1次元世界に飛び移るときに生じる間隔との2種類の間隔が混ざってできています．

③この非周期格子は，周期的2次元空間から1次元空間への射影で作りました．周期的2次元空間の1次元の断面そのものではありません．

■ 3次元周期空間の2次元の切り口

3次元の立方格子が平面をよぎり沈んでいくとき，平面切り口模様の変化を表すと次のようになります．

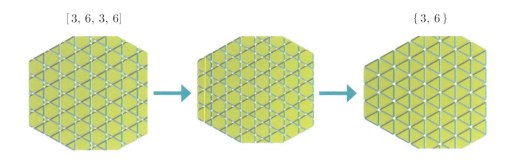

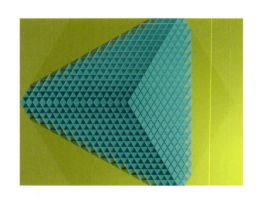

　3次元の立方格子が，3回回転軸を2次元平面に垂直に立てて，平面を通過します．
　そのとき，平面に住む者が見る景色です．

■ 2次元の世界から見た3次元の立方体

　3次元の立方体が2次元平面を平面を通り抜けるとき，さまざまな形が見えます．私たちは3次元の世界に住んでいますから，2次元では下の図のような切り口が見えるのだなと理解できます．

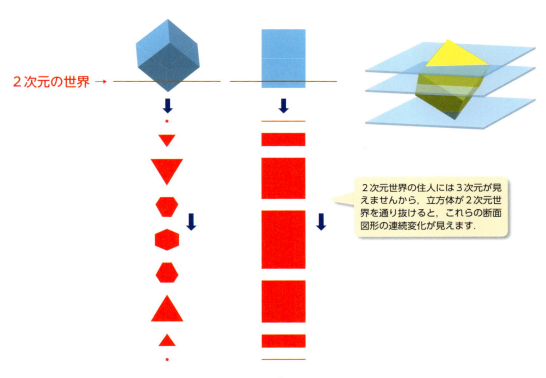

2次元の世界で見えるさまざまな断面

2次元世界の住人には3次元が見えませんから，立方体が2次元世界を通り抜けると，これらの断面図形の連続変化が見えます．

Q　私たちの住む3-d空間を通り抜けるときに下図のような変化をする4-d物体の形は？

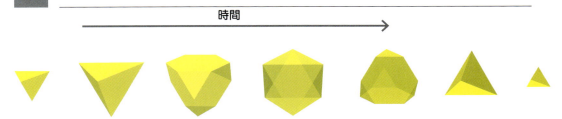

A　4次元が見えない私たちには，とても想像は困難ですが，実は，4次元の超立方体が3次元空間に対し，ある角度で過ぎるときに見られます．

コラム〈COLUMN〉
ペンローズ・タイリングと準結晶

超急冷(106度/秒)で作製したAl-Mn(アルミニウムとマンガン)合金で，写真1のような10回対称の電子線回折像が観測され大騒ぎになりました．
この合金の原子配列には5回対称性があることになるからです．
結晶には並進(周期的構造)があるので，5回対称は並進と共存できないはずです．
シュヒトマンらの常識やぶりの論文が受理されるまでには2年半を要し，1984年にPhysical Review Lettersに掲載されました．シェヒトマンはこの発見でノーベル賞を受賞しました．
この合金は5回対称性がある代わりに並進対称がない(結晶の定義に合わない)ものだったのです．
そのようなタイル張りは，ペンローズ・タイリングでできます．準結晶の発見(1984)に先立ち，ペンローズ・タイリングが考案(1966)されていたというのも興味深いことです．

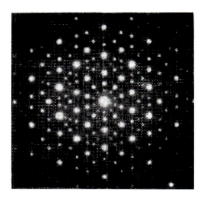

写真1

ペンローズ・タイリング(☞ p.78〜79参照)を見ていると，局所的に5回対称をもつ球のような部分が随所に分布しているのに気づきます．これは，3次元宇宙がたくさん埋め込まれた高次元の宇宙のようなものです．
準結晶は，周期的な5次元空間を3次元空間に投影したものと解釈できます．3次元には周期はないのですが，高次元空間では周期構造になるとは面白いことです．

写真2

今では，安定な準結晶が存在する合金もいろいろ知られています．
写真(東北大多元研，蔡研究室)は，正12面体を示す安定な準結晶です．

第4章

周期的空間の対称性

歩道のタイル張り，エッシャーの作品などの
周期的な平面模様を鑑賞しましょう．
繰り返しの周期(格子)の他に色々な対称要素が隠れています．
無限に続くすべての格子点は同値ですので，
周期的な全平面を，1つのタイルに閉じ込めることができます．
皆さんが，無限に続く時間を，12時間(時計文字盤)に
閉じ込める考え方と同じです．

1. 伝統文様に隠れる繰り返し

　日本の伝統文様にも美しい繰り返し模様がたくさんあります．着物や食器，籠バック，インテリアなど色々な所で出会います．ここでは，最も対称性の低いブラベー格子に関するものは省略しましたが，伝統文様をブラベー格子タイプで分類しました．記入した赤い矢印が基本並進ベクトルです．どのようなブラベー格子（☞ p.51参照）か確認しましょう．

■ 90°（正方形）正方格子

湯呑

七宝つなぎ

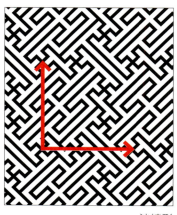
沙綾形

■ 90°（長方形）直交格子

山葡萄籠バッグ

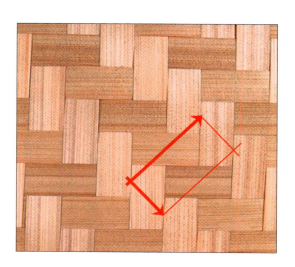
網代

■ 120°（正6角形内の菱形）六方格子

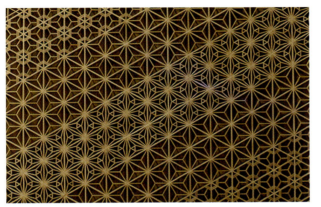
大川組子

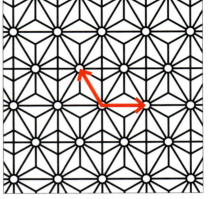
麻の葉

ざる

かごめ

マンホール

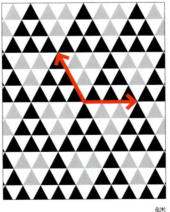
鱗

亀甲

大川組子とは
　大川（福岡県）は，建具の生産高日本一で，家具と木工の名産地です．長い年月をかけて磨きぬかれた木工の技術「大川組子」は，特に有名で，JR九州のクルーズトレイン「ななつ星」でも大川組子が採用されました．

■ 任意角度(菱形)面心格子

湯呑

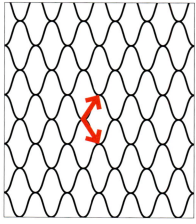

網目

雲立涌

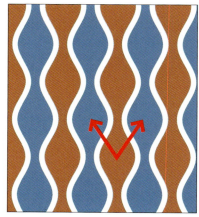

立涌

東京都庭園美術館(旧朝香宮邸2階のラジエータ・カバー)
青海波を背景に飛んでいる鶴を加えています．

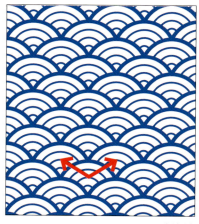

青海波

2. タイル張り模様の鑑賞

■ 4回回転対称のあるパターン

下の写真はよく見かけるタイル張りです．この模様の繰り返しの単位（単位胞）を見つけましょう．

鑑賞手順
step 1　繰り返しの周期を見つけましょう．
step 2　このタイル張り模様で目につくのは4回回転軸です．4回回転軸の配置を調べましょう．

繰り返し周期を見つける

繰り返しの単位として，下のA，B，Cなどが見つけられます．どれも面積は同じで繰り返しの最小単位ではありますが，この場合Bを選びます．なぜBを選ぶのでしょうか？

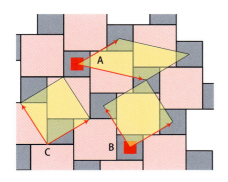

〈理由〉
対称要素（この例では4回回転軸■）の位置が単位胞と良く整合するものを選ぶのです．
詳しく説明すると：
A，Bのどちらも4回回転軸の位置を原点にしています．Aの単位胞の形は4回回転対称性と整合しませんが，Bの単位胞の形は整合しています．Cは原点位置に対称要素がありません．

 2回回転軸の配置も生じています．

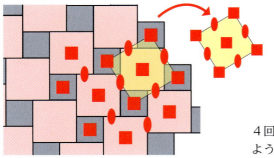

この対称性を記号で
$P4$（あるいは $P411$）
と表記します．

P：格子のタイプ，単純格子
4：紙面（Z軸）に垂直に4回回転軸

4回回転対称軸と2回回転対称軸の配置は左図のようになります．鏡映対称はありません．

■ 3回回転対称のあるパターン

アルハンブラ宮殿にあるモザイクパターンです．
3回回転対称のある模様ですが，パターンを調べてみましょう．

色の変化も考慮すると非常に複雑ですから，色は区別できない眼鏡をかけて見ることにします．

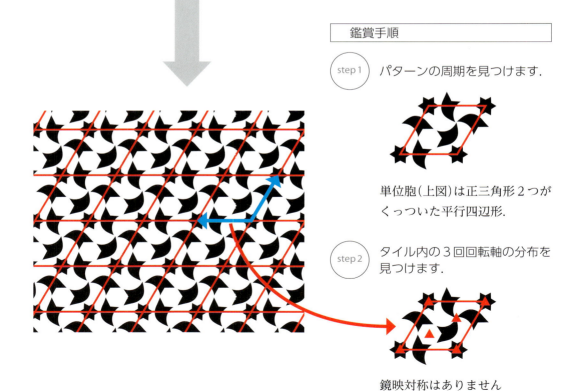

鑑賞手順

step 1　パターンの周期を見つけます．

単位胞（上図）は正三角形2つがくっついた平行四辺形．

step 2　タイル内の3回回転軸の分布を見つけます．

鏡映対称はありません
（この対称性の記号表記は $P3$）．

■ 2回回転対称のあるパターン

街でこのようなタイル張りを見つけました．複雑そうです．鑑賞しましょう．

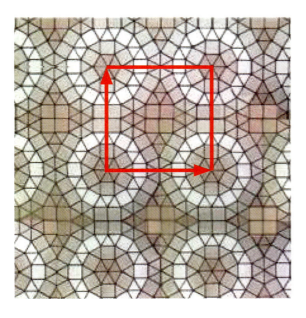

鑑賞手順

step 1　繰り返しの単位（単位胞，あるいは基本タイル）を探しましょう．

step 2　単位胞内の対称要素の配置を調べましょう．

注）17種の平面群（後述）で採用される単位胞には，最小単位のものが使われるとは限りません．対称性がわかるようにわざと最小単位の何倍かのものを単位胞に選ぶ場合があります．格子点1つを含む胞が最小単位のタイル（単純格子 P という）ですが，格子点を複数含む胞を複格子と言います．例えば，菱形格子は P ですが面心格子 C とみることもあります．面心格子 C は複格子（2格子点胞）です．

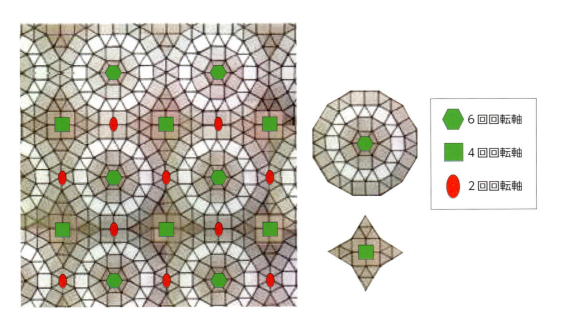

ちょっと見るとこの図のように，6回回転軸と4回回転軸と2回回転軸が配列しているように見えます．はたしてそうでしょうか？

実は，6回回転軸と4回回転軸は，それぞれ右に示した領域の中だけで有効です．全域的には，どちらも2回回転軸です．

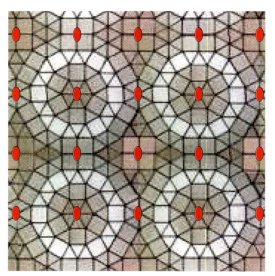

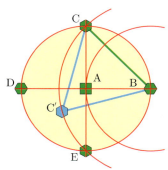

周期的な壁紙模様中に，4回軸と6回軸の共存はありえません．4回軸 A，6回軸 B が共存しているとすると，A を中心とする半径 AB の円周上の 90°ごとに6回軸 B，C，D，E が配置されています．一方，B は6回軸ですから，B を中心として C を 60°回転した位置に6回軸 C′ が存在するはずです．しかし，これは中心 A（半径 AB）の円の内部になり存在できません．

結局，2回転軸が左図のように配列していると考えるのが正解です．

注）このほかに鏡映面も存在します．

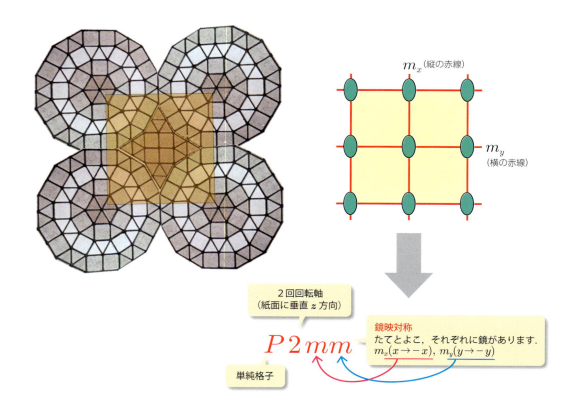

m_x（縦の赤線）

m_y（横の赤線）

$P2mm$

2回回転軸（紙面に垂直 z 方向）

鏡映対称
たてとよこ，それぞれに鏡があります．
$m_x(x \to -x)$, $m_y(y \to -y)$

単純格子

3. 映進操作

　無限に続く周期的平面で存在する対称操作には，鏡映の他に映進があります．

　下の青い羽で，鏡映と映進の対称操作を見てみましょう．

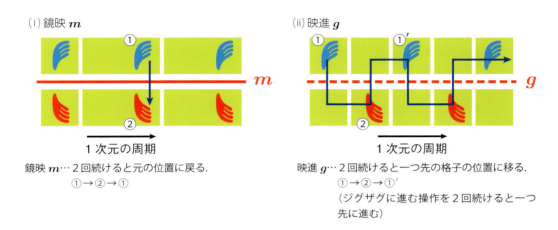

(i) 鏡映 m

1次元の周期

鏡映 m…2回続けると元の位置に戻る．
①→②→①

(ii) 映進 g

1次元の周期

映進 g…2回続けると一つ先の格子の位置に移る．
①→②→①'
（ジグザグに進む操作を2回続けると一つ先に進む）

　無限に繰り返す周期的な世界では，すべての格子点は同値です．
　①も①'も同じ（どこにいるか見分けがつきません）なので，①'で初めの状態に戻ったと見なすことにします．周期的な世界では，映進操作が対称操作になり得ます．

■ 映進対称のあるパターン1

　ここでは，映進対称のあるパターンを紹介していきます．次のようなパターンは皆さんも歩道で見たことがあるでしょう．

例●歩道のタイル●

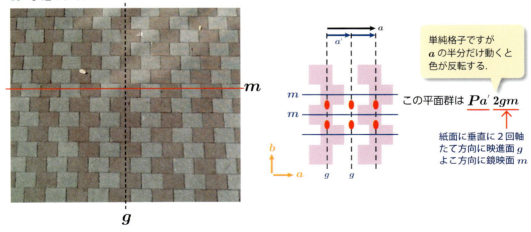

単純格子ですが a の半分だけ動くと色が反転する．

この平面群は $Pa'2gm$

紙面に垂直に2回軸
たて方向に映進面 g
よこ方向に鏡映面 m

　この歩道のタイルは，縦方向にジグザグに伸び[この方向に映進面 g]，軽快に広がっていく感じがします．水平には鏡映面 m があります．
　横軸 a は色を交代しながら進む並進 $P_{a'}$ があります．

■ 映進（グライド）面のあるパターン2

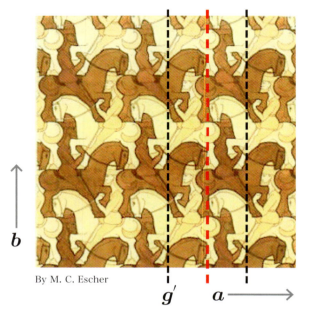

By M. C. Escher

写真はエッシャーの1946年の周期的版画の作品"騎手"です。

縦方向に沿って映進面 g がありますが、この映進面は色の交代を伴った g' です。

その他には、2回回転軸2も鏡映 m もありません。

平面群は Pg'

単純格子　色の交代を伴った映進

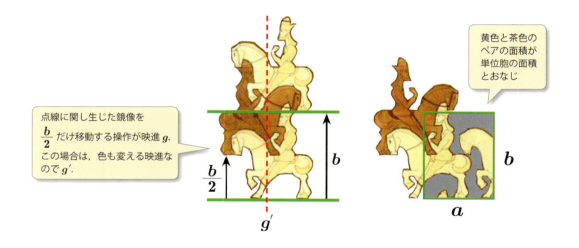

点線に関し生じた鏡像を $\frac{b}{2}$ だけ移動する操作が映進 g。この場合は、色も変える映進なので g'。

黄色と茶色のペアの面積が単位胞の面積とおなじ

■ 映進面と色置換のあるパターン

(ⅰ) 色の違いが判らぬメガネを
通して見るとき …………………… Pg
（天馬の色はすべて同じ）

(ⅱ) 色の違いを区別するとき ………… $P_b^{(3)}g$
（並進と結びついた天馬３色の置換も
加わる）

By M. C. Escher

 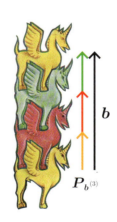 

g は映進面

$b^{(3)}$ は色の置換と結びついた並進を表します．それを３回繰り返すと普通の並進 b になります．

4. 6回回転対称と色置換のあるパターン

このエッシャー作品の中に，6回軸が分布する位置を見つけましょう．見つけた6回軸の位置を結ぶと，下に示す6方格子の単位胞を見出すでしょう．

By M. C. Escher

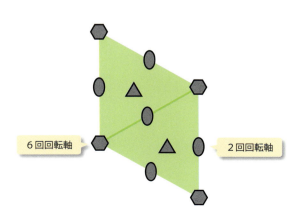

(i) 3種類の色のトカゲがいます．色の違いがわからないメガネを通して見ると，トカゲの手が6つ集まっている点に6回回転軸があります．
$P6$(＝6回回転軸)

(ii) もし色が区別できるならば，この6回回転軸は色の置換と結びついていて，回るたびに3色のトカゲの色が入れ替わることがわかります．
$P6^{(3)}$(＝6回回転軸と3色の色置換が結びついている)

鑑賞のヒント

(1) 2回回転軸のある場所

　このエッシャー作品の中にある2回軸のまわりを調べ，2回軸は色を変えない対称操作であることがわかります．

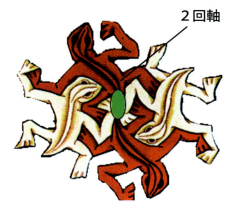

色は変えない2回軸

(2) 3回回転軸のある場所

3色の置換を伴う3回回転軸

(3) 6回回転軸のある場所

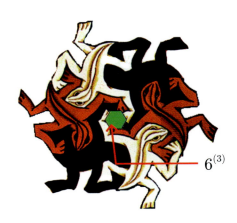

3色の置換を伴う6回回転軸は，3色の置換を伴う3回回転軸と色は変えない2回回転軸の性質をもっています．

5. エッシャーの作品に見る対称性

$P2mm$

— は鏡

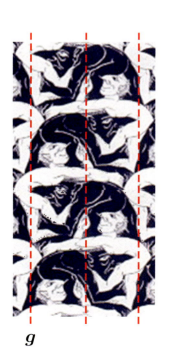

- - - は映進

Pg

g

第4章 周期的空間の対称性

$P4$

$P4$

色の置換も考慮すると $P4^{(4)}$

6. $P3m1$ と $P31m$ の違いをエッシャーの絵で見る

$P3m1$ と $P31m$ の対称性はとてもよく似ています．
以下の2つはともにエッシャーの作品です．比較鑑賞しましょう．

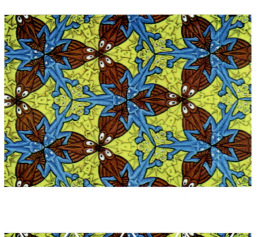

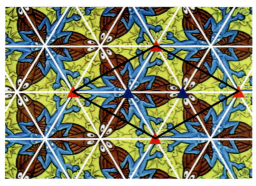
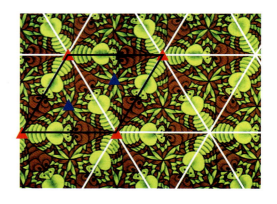

$P31m$ の方には，鏡映面が集まっていない3回対称軸がありますが $P3m1$ の方の3回対称軸の場所には，すべて鏡映面が集まっています．
絵のモチーフの違いだけではない，両者の絵にある微妙な差は，このようなところにあるのではないでしょうか？（☞ 詳細は p.111 を参照のこと．）

第 章 5

万華鏡の秘密

万華鏡の美しさが私たちの心をとらえる理由は,
空間の対称性だけではありません.
時間の流れとともに映し出される
「千変万化だが一度きり」の映像に
生命を感じるからでもありましょう.
ワンドの中を降り行くすべてのガラスくずの運命は,
運動方程式ですべて定まっているとはいえ,
時折カオスの起こる期待で目が離せません.
万華鏡の魅力は,
対称性(秩序)とカオス(乱れ)の混在にあります.
そして, 合わせ鏡が生み出す完全な秩序は,
無限に繰り返される"結晶世界"に入り込んだようでもあります.

1. ブリュースター型（2枚鏡）の万華鏡

■ 反射の法則

光は最短時間で到達できる行路に沿って進みます（Fermat の原理）．光の進む媒質の屈折率が高いところでは，光の伝播速度は遅くなります．たとえば，ガラス中では空気中より光は遅く進みます．これがレンズで光が曲がる原理です．

万華鏡内の媒質は空気で一様なので，最短時間行路は直線です．したがって，万華鏡では壁面の平面鏡で起こる"**反射の法則**"（図1）だけ知っていれば十分です．

図1

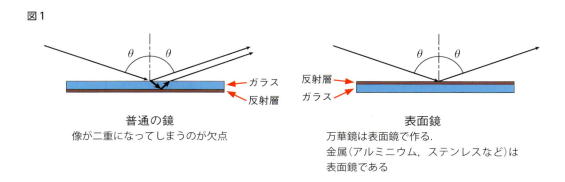

普通の鏡
像が二重になってしまうのが欠点

表面鏡
万華鏡は表面鏡で作る．
金属（アルミニウム，ステンレスなど）は表面鏡である

目が E 点にあるとき，有限幅の平面鏡で見ることのできる反射光線の範囲を図2に示します．鏡の幅が有限なため，見える範囲が制限されます．グレーの部分が，覗き穴の位置が E のときに見える範囲です．

図2

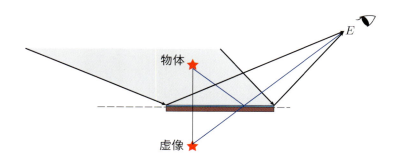

■ 万華鏡の起源

万華鏡の起源は物理学者**ブリュースター卿**の特許（1817年）[発明は1816年]が起源です。

特許には，2枚の鏡の交差角 $\theta°$ は，360°を偶数で割り切る（360°を $\theta°$ で割った値が偶数になる）角度にする，ということが書かれています．

式で書くと $\frac{360}{\theta}=2n$，変形すると，$\frac{360}{2\theta}=n$ となります（ここで，n は正の整数）．

映像は n 回回転対称になります．

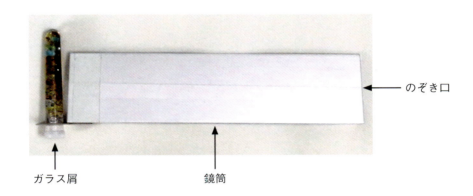

ガラス屑　　　鏡筒　　　　　　　　　のぞき口

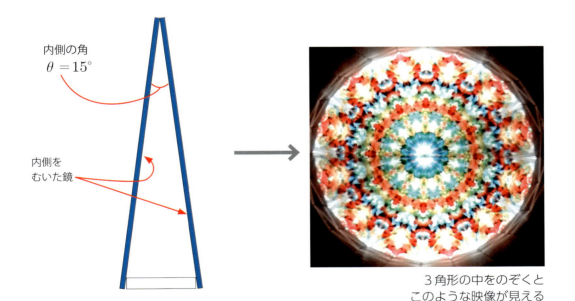

内側の角 $\theta=15°$

内側をむいた鏡

3角形の中をのぞくとこのような映像が見える

12回対称の万華鏡を作るには
2枚の鏡の交差角を $\theta=15°$ にします．

$$n=\frac{360}{2\theta}=\frac{360°}{30°}=12$$

点群は $12mm$

2. 合わせ鏡の不思議

■ 無限に続く繰り返し [＝格子]　結晶の世界

合わせ鏡 a, b により，1次元の繰り返し模様ができます．（模様については第8章にて後述）

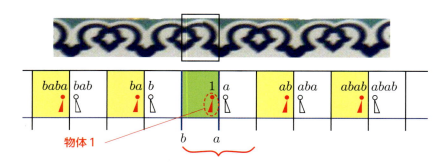

合わせ鏡 a, b で挟まれた領域（緑色で塗った）を"**鏡室**"と呼びます．その中に**物体1**があります．

- 1次の反射像（物体の鏡像）
  鏡 a による1回反射で，生まれた像 a.
  鏡 b による1回反射で，生まれた像 b.

- 2次の反射像（物体と同じ正像），**反射の順番は右側から記号を並べます**．
  1次像 a を鏡 b で反射して，生まれた像 ba.
  1次像 b を鏡 a で反射して，生まれた像 ab.

このようにして，次々に反射像が並び，物体と同じ向きの正像（偶数次反射）と物体と逆向きの鏡像（奇数次反射）がペアで繰り返す1次元の市松模様ができます．

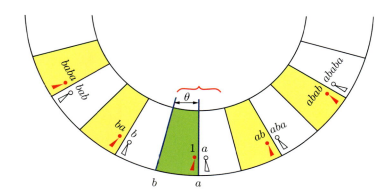

平行な合わせ鏡 a, b により，無限に続く1次元の繰り返し模様ができますが，もし合わせ鏡 a, b が平行でなく交差角が θ の場合は，繰り返し模様が円周上に並びます．
市松模様がうまくつながる θ の条件を次で調べましょう．

■ 交差する鏡の性質を調べよう

2枚の鏡 a, b の交差角度を色々変えて，円周上に並ぶ映像がきれいに規則正しくつながる角度を調べよう．

注) 120°で交差する2枚の鏡映面は，点群 $5m$ を生成するのですが，それは数学上のことです．光学（実際の万華鏡）では，ここの例が示すように群になりません．その理由は，実際の鏡が受け持つのは有限な作用領域なので，演算の積が存在しないこともあるからです．

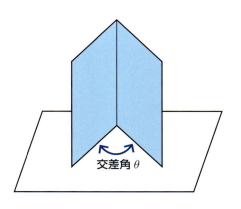

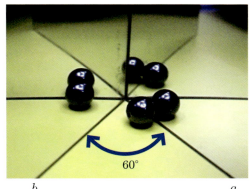

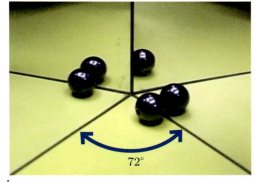

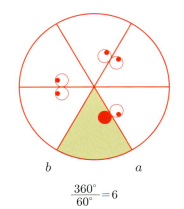

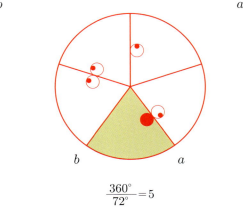

$$\frac{360°}{60°}=6 \qquad \frac{360°}{72°}=5$$

360°が偶数6で割り切れる交差角のとき，3回回転対称性が生じている．
鏡映面も3枚（全て同等）である．
点群 $3m$

360°が奇数5で割り切れる交差角のとき，映像は規則正しくつながらない．
回転対称性は生じない．全域で有効な鏡映面も生じない．
点群 1（対称性はなにもない）

以上のことから θ の条件は，

$$\frac{360°}{\theta}=2n \ (\text{偶数で割り切れる})\ \text{の場合には，}$$

映像が規則正しくつながり，鏡映操作の集合が群をなす．

3. 万華鏡の平面群と市松模様

■ 正3角形の鏡室

正3角形の鏡室の万華鏡は，皆さんもどこかで見たことがあるでしょう．正3角形の各頂点で，2枚の鏡の交差角は60°なので，各頂点には6つの正3角形のタイルが集まり，市松模様ができます．

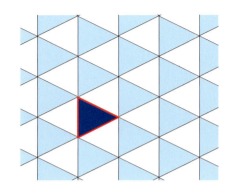

■ 市松模様

本来の市松模様はチェス盤のように正方格子が交互に塗り分けられたものですが，本書では3角格子などの場合でも交互に塗り分けられていれば市松模様と呼ぶことにしています．

これらの図はみんな，市松模様と呼ぶことになります．

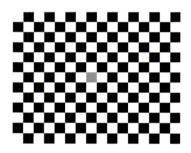

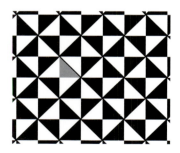
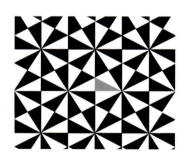

万華鏡は鏡（位数2の対称操作）の組み合わせだけで作られます．

鏡で1回反射すると鏡像の向きは裏返ってしまいます．しかし，2回反射すると鏡像の鏡像になり，始めの向きと同じになります．

市松模様は，始めの鏡室タイル（グレイ色）と同じ向き＝"正置像"を黒，"裏返像"を白に塗り分けています．

■ 正3角形ではない3角形の鏡室

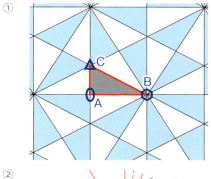

鏡室3角形ABCは90°, 30°, 60°の3角形です.
各頂点で3角形が偶数個集まっています.
3つの頂点のまわりはどれも市松模様ができており, 全平面が市松模様になります.

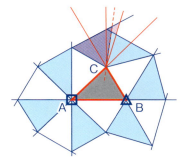

鏡室3角形ABCは45°, 60°, 75°の3角形で, AおよびBのまわりは3角形が偶数個集まりますが, Cのまわりでは偶数個あつまりません.
そのため, 前節でみたように, 映像が規則正しくつながらず, 全平面では市松模様が出来ないことがわかります.

鏡映操作の集合が平面群を作っている場合は, ①全平面が市松模様になりますが, 逆に, ②市松模様がどこかで乱れているなら, その鏡の組み合わせは平面群が作れません. そのような例をもう一つ示します.

下図(右)は2等辺3角形(72°, 36°, 36°)を鏡室とする万華鏡です. 3枚の鏡の名称は, α, β, γで, 鏡室(鏡で囲まれた内部)をライトブルーに着色しました. 視点Eは, この鏡室3角形の内心(それぞれの内角の2等分線の交点)の真上にあるとします. 鏡の反射面は, 鏡室の内部を向いています. 図中の赤い線は各鏡α, β, γの受け持ち範囲を示します. 鏡前の半平面にある物体の虚像のうち, その鏡の後のこの受け持ち範囲にできるものが視点から見ることができます.

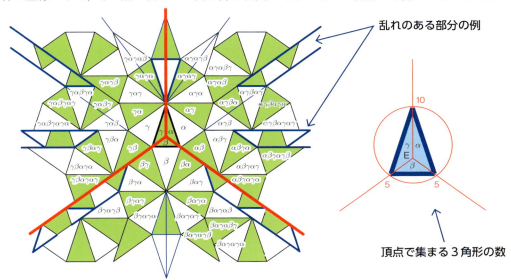

鏡αによる像(虚像)がα, 像αが鏡βで反射してできる像が$\beta\alpha$, これを鏡γで反射してできる像が$\gamma\beta\alpha$というように記号をつけます(記号の配列順は, 先に起こる反射が右側).

■ 万華鏡の定理

　万華鏡は，物体から出た光が，次々に鏡で反射され，視点にやって来るので，視点と最後に反射した鏡の反射点とを結んだ延長上に物体の像を見ることになります．
　像平面が市松模様になる場合には，鏡室を基本タイルとして綺麗にタイル張りできます．
　市松模様にならない場合には，鏡室の基本タイルだけでタイル張りができず，基本タイルの分割された部分が混ざったタイル張りになります．
　しかし，どんな場合でも次の「万華鏡の定理」が成り立ちます．

万華鏡の映像には重なりもできないし，空白の隙間もできない

　ただし，ここでいう万華鏡とは，何枚鏡でも構いませんが，鏡で囲まれた筒（鏡筒）の中を覗くものです．

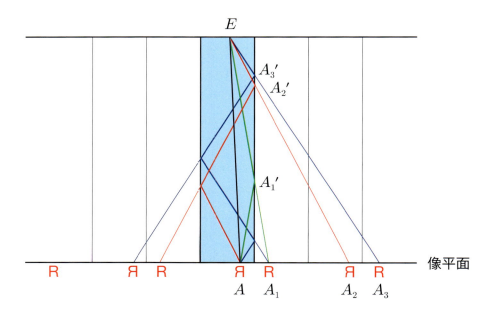

　目の位置を E とし，像平面上の任意の点たとえば，A_3 に注目しましょう．E と A_3 を結んだ線分が鏡面をよぎる点を A'_3 とします．映像 A_3 が何故見えるかというと，A'_3 から E の方に光線がやって来るからで．この光線はどこから来たかと言えば，万華鏡の鏡筒の中で反射を繰り返し A（物体Я）から来たものです．A_1（映像R）や A_2（映像Я）に関しても同様です．像平面上の任意の点と目の位置 E とを結ぶと，必ず鏡筒の1点をよぎります．すなわち，映像と鏡面は1：1に対応しており，像平面上の点で，対応する鏡面上の点がないということは起こりません．
　よって，万華鏡の定理が証明されました．ただし対応点が，たまたま平面鏡のつなぎ目に当たるときは反射が起こりません．しかし，このつなぎ目は無限小の幅と考えれば，隙間なく領域を飛び移れるので，定理に影響を与えません．
　さて，ついでに言及しますが，映像のもとになる鏡筒内の物体と映像とは，図からわかるように，1：複数の対応になります．

4. 3枚鏡の万華鏡で平面をタイル張り

　完全な繰り返し像が見られる万華鏡を作るには，**鏡室タイル**（**基本領域**とも呼ぶ）で，平面全体が市松模様になる場合です．
　この節では，そのような基本領域を詳しく調べてみます．

■ 平面をきれいに埋める万華鏡の3角形"鏡室"

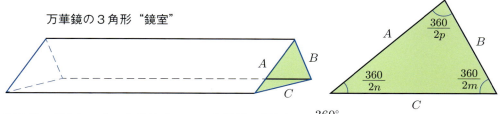

万華鏡の3角形"鏡室"

(1) 2枚の鏡（A，B）の交差角は，$360°$を偶数で割り切る $\dfrac{360°}{2p}$．

　2枚の鏡（B，C）の交差角，（C，A）の交差角も同様で，すべての頂点で鏡の交差角が $360°$ を偶数で割り切る角度になっている．

　それぞれ，$\dfrac{360°}{2m}$，$\dfrac{360°}{2n}$．

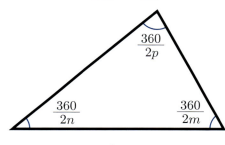

(2) 3角形の内角の和は $180°$
(1)と(2)から次の式が得られます．

$$\dfrac{360}{2n}+\dfrac{360}{2m}+\dfrac{360}{2p}=180$$

$\left.\begin{array}{l}\dfrac{1}{n}+\dfrac{1}{m}+\dfrac{1}{p}=1\\ 2\leq n,\ m,\ p\end{array}\right\}$ の整数解を求める

各頂点に n 回軸，m 回軸，p 回軸が生じる

	n	m	p	$\dfrac{360}{2n}$	$\dfrac{360}{2m}$	$\dfrac{360}{2p}$	
整数解	2	3	6	90	60	30	E
	2	4	4	90	45	45	D
	3	3	3	60	60	60	A

平面をきれいに埋める3枚鏡の万華鏡はこの3種類だけです．

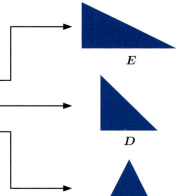

■ 万華鏡で作る3種類の平面群

　実際に3種類 A, D, E の万華鏡を作ってみました．それらの映像と繰り返しパターンを掲載します．繰り返しパターン中で，鏡室の3角形を赤く塗り，生じる単位胞の4辺形を赤線で示しました．

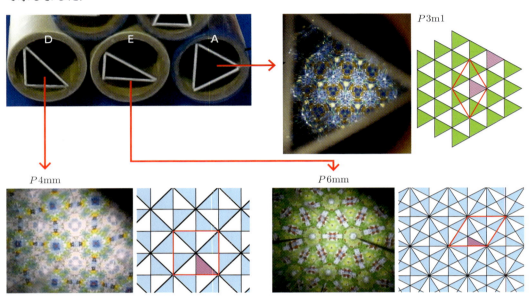

■ 正3角形タイルのタイル張り

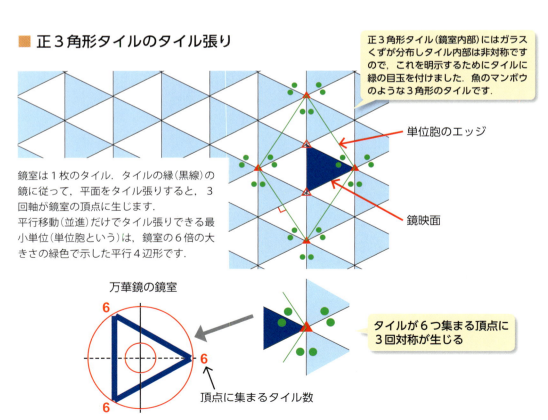

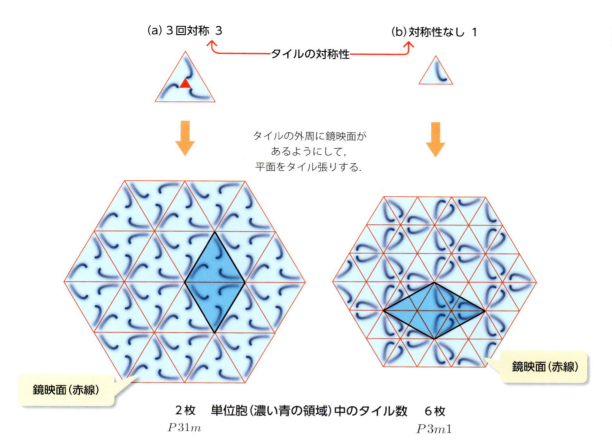

　$P3m1$ は万華鏡で作れますが，$P31m$ は万華鏡で作れません．
　その理由は万華鏡で作れる対称群は，鏡だけで生成されなければならないのに，$P31m$ の場合は，万華鏡の鏡室となる正3角形のタイル内部に3回対称性が必要であるからです．
　万華鏡の鏡室内の模様はガラスくずが分布してできるもので，(a)のように3回対称性があるなどという偶然は自然には起こりません．したがって万華鏡では(a)の対称性は実現できないのです．

■ 万華鏡が作る繰り返し"模様"の世界は，結晶世界を思わせる

下の(a)，(b)はともにエッシャーの作品です．ともに3回対称のある壁紙模様ですが，対称性の違いがわかりますか？ 図に記入してある単位胞のエッジ方向と鏡映面の方向に注目して調べてみましょう．

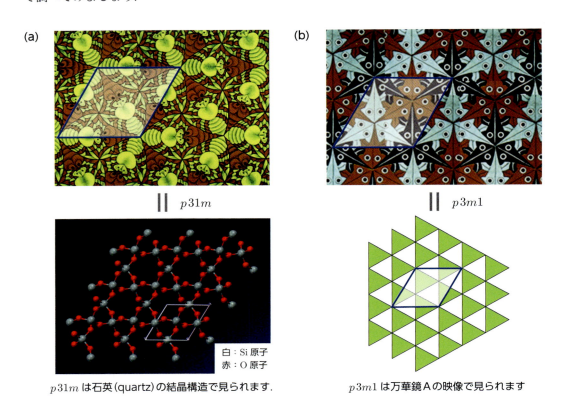

$p31m$ は石英 (quartz) の結晶構造で見られます．

$p3m1$ は万華鏡Aの映像で見られます．

万華鏡Dの映像

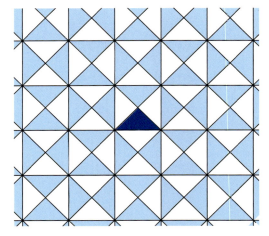

タイルが4つ集まっている頂点には2回対称軸，8つ集まっている頂点には4回対称軸が生じる．

$p4mm$

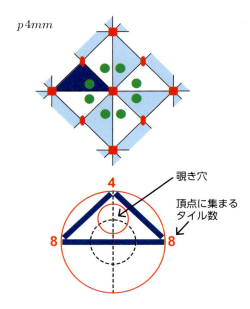

覗き穴
頂点に集まるタイル数

万華鏡 E の映像

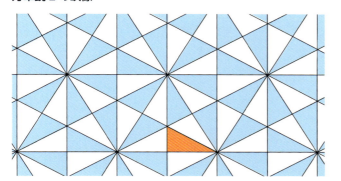

鏡室（鏡で囲まれた領域）が
基本領域（オレンジ色の3角形）です．
これがタイルになります．

タイルが4つ集まっている
頂点には2回対称軸,
6つ集まっている頂点には
3回対称軸,
12個集まっている頂点には
6回対称軸がそれぞれ生じます．

この平面模様を生み出す万華鏡の鏡室は 30°，90°，60° の3角形です．
覗き穴は3角形内部（内心）の上にあります．外側の紙筒の中心ではありません．

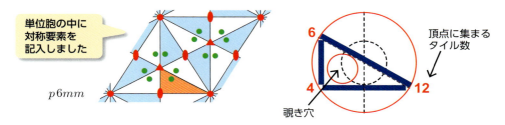

緑色の点はガラスくずで点の分布で生じる模様を示しています．

5. 正多角形での平面のタイル張り

■ 平面の正多角形によるタイル張り（平面の正則分割という）

正 n 角形が頂点で k 個集まっているタイル張りを考えましょう．
シュレーリフの記号で表記すると $\{n, k\}$ です．

正 n 角形の内角の和

$$n\frac{360°}{k} = (n-2) \times 180°$$

$\Rightarrow$

$\dfrac{1}{k} + \dfrac{1}{n} = \dfrac{1}{2}$　ユークリッド幾何平面

$\dfrac{1}{k} + \dfrac{1}{n} < \dfrac{1}{2}$　双曲的幾何平面

$\dfrac{1}{k} + \dfrac{1}{n} > \dfrac{1}{2}$　楕円的幾何平面

【左辺】
頂点で k 個の正多角形タイルが集まっているから 1 つの内角は $\dfrac{360°}{k}$

正 n 角形タイルなので内角の和は $n\dfrac{360°}{k}$

【右辺】
正 n 角形は $n-2$ 個の 3 角形に分割されるから内角の和は
$(n-2) \times 180°$

注）ただし，双曲的平面では 3 角形の内角の和は 180°より小さくなり，楕円的平面では 3 角形の内閣の和は 180°より大きくなります．

● ユークリッド平面では $\dfrac{1}{k} + \dfrac{1}{n} = \dfrac{1}{2}$ を解いて正則分割は 3 種類

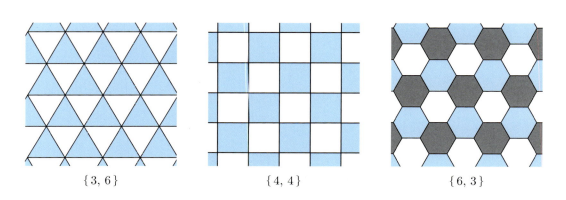

$\{3, 6\}$　　　　$\{4, 4\}$　　　　$\{6, 3\}$

　正 3 角形あるいは正 4 角形の鏡室の万華鏡を作ると，平面を市松模様にタイル張りできます．しかし，正 6 角形の鏡室では 3 色必要になり，市松模様に塗り分けできませんので，万華鏡像は乱れます．

■ 正5角形，正7角形ではタイル張りできない

　平面をタイル張りできる正多角形は，正3角形，正4角形，正6角形の3種です．正5角形や正7角形ではタイル張りができないことが図からわかるでしょう．これより「結晶空間で許されるのは，1，2，3，4，6回回転対称軸のみ」ということも理解されるでしょう．

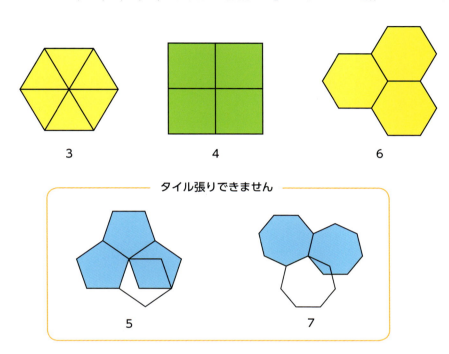

■ 正5角形のフラクタルタイル張り

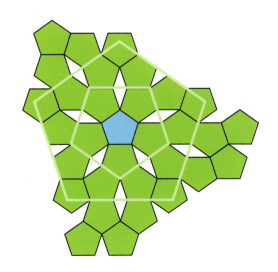

　正5角形タイルの鏡室で平面を張ると隙間ができてしまいます．これは正5角形でタイル張りはできないことからも明らかでしょう．
　フラクタル構造のタイル張りをしてみましょう．
　もちろん，万華鏡の定理からこの隙間に映像の空白ができるわけではありません．正5角形の部分領域が写像されます．

注）鏡面と映像は1：1対応するので，映像が抜け落ちることはありません（☞p.108参照）．

6. 長方形鏡室の万華鏡

■ 長方形鏡室（4枚鏡）

長方形タイル
鏡室

鏡室内部に置かれた物体（青い3角形）から出た光は，鏡室四方の壁鏡で反射を繰り返し，

次の図のような青い3角形の分布像が得られます．

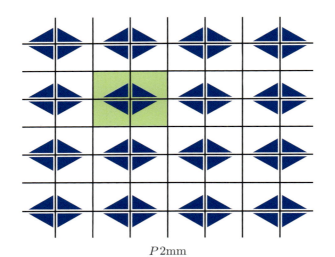

$P2mm$

単位胞（緑色領域）には，長方形タイル（鏡室）4枚が含まれます．

この鏡室タイルで万華鏡を作ると，左図のタイル張りの繰り返し模様になり，$P2mm$ の対称性の壁紙模様ができます．

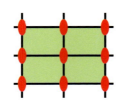

青い3角形が4つ集まった所とそれらの間に，2回回転対称軸ができます．

鏡映面は，2回回転対称軸の所を通ります．

■ 万華鏡で作れる壁紙模様の対称性

正6角形のタイルは $\{6,3\}$ のように平面を張ることができますが，頂点の周りに集まるタイルの数が3で奇数なので，市松模様になりません．

したがって正6角形の"鏡室"を使って平面群を作ることはできません．

これらを総合して，壁紙模様（17タイプ）のうちで万華鏡で生成できるのは次の5タイプです．

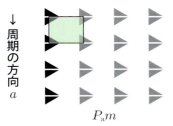

$P_a m$

上下2枚鏡1次元の並進しかできない

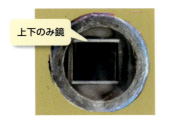

$P_a m$

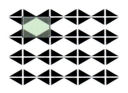

$P2mm$

長方形の4枚鏡

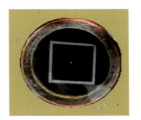

$P2mm$

$P4mm$

直角二等辺3角形の3枚鏡

$P4mm$

$P3m1$

正3角形の3枚鏡

$P3m1$

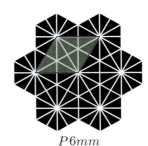

$P6mm$

$60°-30°-90°$ の3枚鏡

$P6mm$

7. 分数型の万華鏡

■ 分数解を許す場合

$$\frac{360°}{2n} + \frac{360°}{2m} + \frac{360°}{2p} = 180°$$

$$\frac{1}{n} + \frac{1}{m} + \frac{1}{p} = 1, \qquad 2 \leq n, m, p$$

方程式 $\dfrac{1}{n} + \dfrac{1}{m} + \dfrac{1}{p} = 1$ を満たす n，m，p の組が，すべて整数であるのは，

p.109で書いたようにA，D，Eの3通りです．

このとき，3角形の各頂点の周りで平面を市松模様に張りつめるので，

平面全体の市松模様も矛盾なく出来上がります．

3角形の頂点が一つでも分数解になる場合には，その頂点の周りに市松模様は出来ません．

下表のB，Cを見てください．Bでは3角形の内角は36°，72°，72°で，

$n = \dfrac{5}{2}$，$m = \dfrac{5}{2}$，$p = 5$ というように分数解が含まれます．

それぞれの頂点の周りは，5個，5個，10個のタイルが集まります．

つまり，72°の頂点の周りは5個（偶数ではない）のタイルが集まるので市松模様にはなりません．

Cの場合には108°の頂点の周りに集まるタイルの数は $\dfrac{10}{3}$ です．

解に分数を許すと無限の組み合わせが可能で，ここで示したB，Cはほんの一例です．

	n	m	p	$\dfrac{360}{2n}$	$\dfrac{360}{2m}$	$\dfrac{360}{2p}$	
分数解無数存在	$\dfrac{5}{2}$	$\dfrac{5}{2}$	5	72	72	36	**B**
	$\dfrac{5}{3}$	5	5	108	36	36	**C**
	$\dfrac{10}{3}$	2	5	54	90	36	**F**
	$\dfrac{12}{5}$	3	4	75	60	45	**G**
	$\dfrac{9}{2}$	$\dfrac{9}{4}$	3	40	80	60	**H**
	$\dfrac{3}{2}$	12	4	120	15	45	
	⋮	⋮	⋮	⋮	⋮	⋮	

無数にある

■ 分数型基本領域と万華鏡の例

実際に B，C，F，G，H の万華鏡を作ってみました．

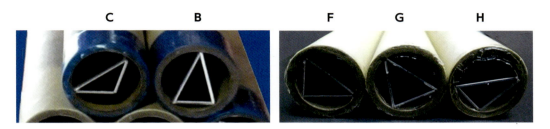

これらはどれも市松模様にならないので格子(並進周期)は生じず，繰り返し模様ではありません．

ローカルには5回対称風ですが，厳密には点群 m です

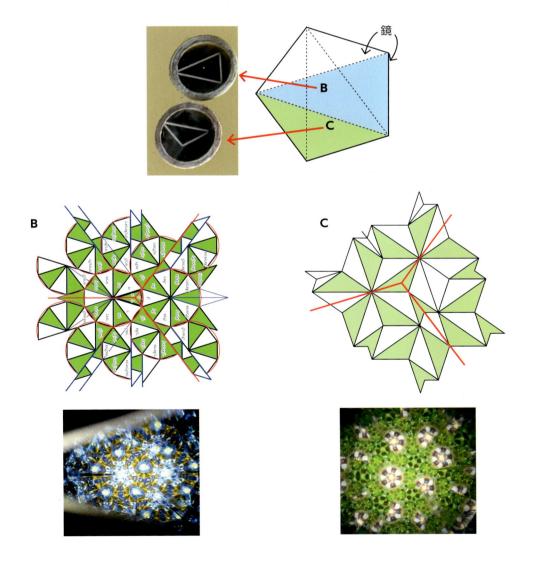

■ 分数型の万華鏡 F, G, H に挑戦しよう

どのような映像が見られるか？ ⟹ 分数解の頂点周りで対称性が少し乱れる

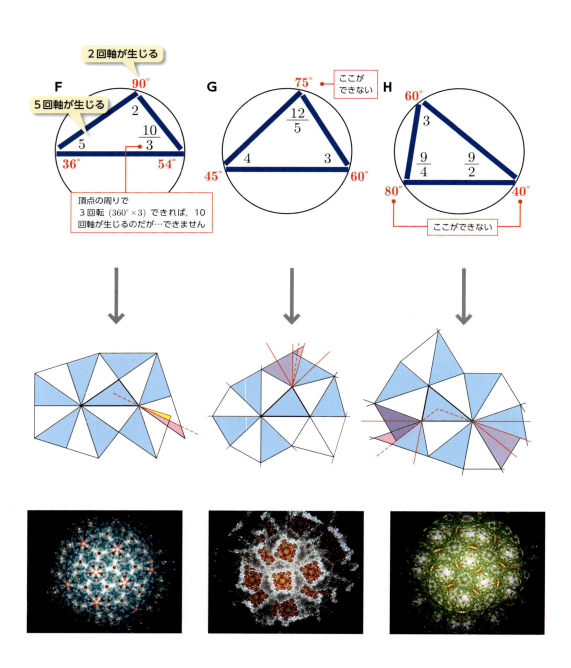

■ いろいろな多面体像の見える万華鏡

以下の万華鏡像の見える万華鏡（3枚鏡の組み合わせ）の仕組みを推理しましょう．

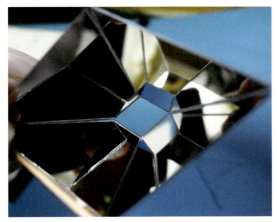

菱形12面体

菱形30面体

ケルビン立体1

ケルビン立体2

ケルビン立体3

正8面体

8. 万華鏡を作ろう

■ 万華鏡（3枚鏡）の作製

3枚鏡の万華鏡キット
①鏡3枚（光輝アルミ1mm厚，青色は保護膜）
②ラウンドケース
③紙筒
④アイピース
⑤ガラス屑
⑥透明シート
⑦透明ビニール・テープ
この他に洗濯糊（PVA）あるいはグリセリン

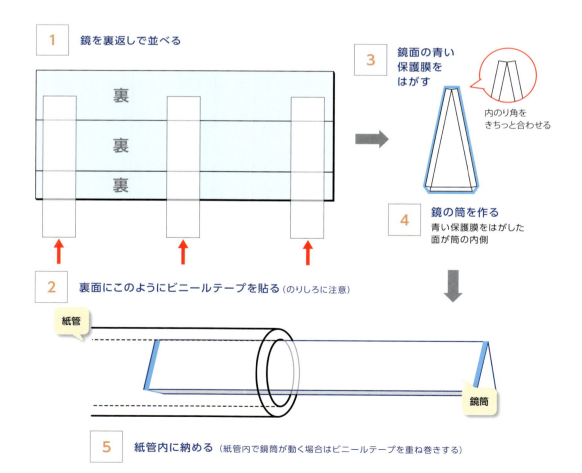

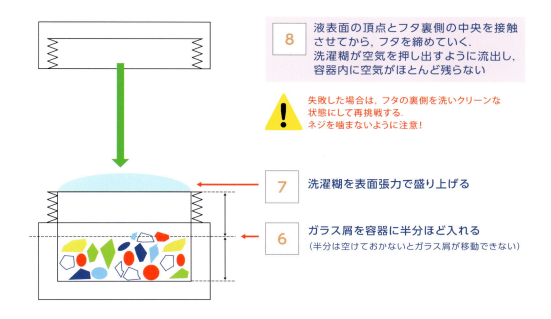

| 8 | 液表面の頂点とフタ裏側の中央を接触させてから，フタを締めていく．洗濯糊が空気を押し出すように流出し，容器内に空気がほとんど残らない |

失敗した場合は，フタの裏側を洗いクリーンな状態にして再挑戦する．
ネジを噛まないように注意！

| 7 | 洗濯糊を表面張力で盛り上げる |

| 6 | ガラス屑を容器に半分ほど入れる (半分は空けておかないとガラス屑が移動できない) |

| 10 | アラビアのりで貼る |

アイピース

透明シート

| 9 | ぐるぐる巻いて，ラウンドケースと紙管をつなぐ．透明シートは透明ビニールテープで封じるが，透明シートの筒が紙管のまわりで回転できるようにしたいので，ビニールテープを紙管に接着しないように注意する |

とっとりサイエンスワールド

■ ブリュースター型万華鏡（2枚鏡）の作り方

1 つないだ2面鏡の間に紙のスペーサーを入れ，2等辺三角形を作る（頂角15°）．
ビニールテープで，きっちり固定する．
スペーサーは鏡の内側にはさまるようにする（図参照）．

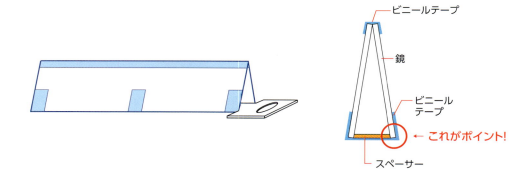

2 試験管に半分だけガラス屑を入れる（空きがないと移動できない）．
色の濃いもの薄いもの，大きいもの小さいものと色々な種類が混ざると面白い．
（鏡の屑も少し混ぜると，花火のようにピカッと光りきれいです）

3 試験管に洗濯糊（少し水で薄めるとよい）を入れる．
これは，粘性のある液体中でガラスくずをゆっくり動かすためである．
キャップをするので，試験管の上の縁から5mmくらいは入れない．
キャップをする．キャップが試験管上部の空気だけを押し出すように．
（ポリエチレンのキャップを指先でゆがめながら栓をするのがコツ）

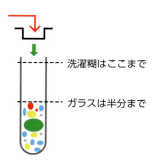

4 試験管ホルダーの穴に，出来上がった試験管を差し込むと完成！

第6章

6

円盤の中の不思議な世界

色々な幾何空間があります．大きく分けて，
ユークリッド空間と非ユークリッド空間です．
非ユークリッド空間には，
楕円幾何および双曲幾何の支配する
2種類の空間があります．
2次元世界を例に，これら3種類の空間を調べて見ましょう．
双曲幾何平面を使ったエッシャーの絵の秘密もわかります．
双曲幾何の円盤モデルは，
「円による反転」という数学的な鏡の万華鏡です．

1. ユークリッド幾何学と非ユークリッド幾何学

「平行線の公準」の違いから，異なる幾何学(ユークリッド幾何学と非ユークリッド幾何学)が生まれます．

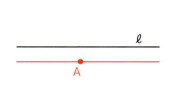 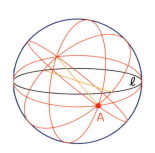 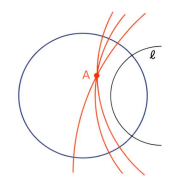

ユークリッド幾何平面
直線ℓ外の1点Aを通るℓに平行な直線は唯1つ．←第5公準
我々の常識の通用する平面

楕円幾何平面 (球表面モデル)
直線ℓ外の1点Aを通るℓに平行な直線はない．←第5公準
球表面世界の直線は大円(球中心を含む平面による球の切り口)です．異なる2つの大円は必ず2点(直径の両端)で交わります．

双曲幾何平面 (ポアンカレの円盤モデル)
直線ℓ外の1点Aを通るℓに平行な直線は無数にある．←第5公準
この円盤内の世界の直線は円盤の縁に直交する円弧です．

●ユークリッド(300BC)
エジプト，アレクサンドリアの数学者．「原論」全13巻を著した．ユークリッド幾何学の体系は，演繹を積み重ねて構築されるのですが，その演繹のスタートに，彼は5つの公準を設定しました．公準とは無証明の命題で，常識的で直観に違和感のないものでした．5番目の公準が平行線に関するものです．
ユークリッド幾何学は，測量や建築や物づくりに古代から活用され，我々もその理論を，日常的に活用しています．

●地球上の2点間の距離が最小のものは**大圏コース**と呼ばれますが，これは地球の大円上の曲線分のことです．地球は3次元ユークリッド空間の物体ですから，地表の2点を地球内部を通る直線で結べば最短距離ですが，地表だけの2次元表面では大圏コースが最短です．

●双曲的平面は楕円的平面の様に閉じていないので，イメージを持ちにくいのですが，ポアンカレがうまいモデルを提唱しました．ここで用いたのが"ポアンカレの円盤モデル"です．この円盤内の世界では，円盤の縁(地平線)に近づくほど距離はどんどん縮む(あるいは旅をする自分がどんどん縮む)ので，永久に地平線に到達できません．このような世界の最短距離(最短直線)は円盤の縁に直交する円弧となるのは納得できるでしょう．

コラム〈COLUMU〉

非ユークリッド幾何学の誕生

　ユークリッドの第5公準(平行線の公準)を変えると，異なる幾何体系が構築できます.

● 双曲幾何学の誕生

　ロバチェフスキー(1829年，ロシア，カザン大学の数学者)，ボヤイ(1832年，ハンガリーの数学者)の研究は，それぞれ独立になされました. ガウス(ドイツの数学者で当時すでに大御所)も同時代にすでにいくつかの結論を得ていたのですが，発表はしませんでした.

● 楕円幾何学の誕生

　リーマン(1854年，ドイツの数学者)は，楕円幾何学を生み出しました. さらにリーマンは，高次元の曲がった空間を扱う"リーマン幾何学"を生み出します. 空間の曲がり方(曲率)が，楕円的であったり双曲的であったり，場所場所で変わるような空間の幾何学です. これは，アインシュタインが，一般相対性理論(1915年)を構築する際に必要となる理論でした.

● 非ユークリッド幾何空間のモデル

　19世紀末から20世紀初頭に，ケーリー(イギリスの数学者，弁護士)，クライン(ドイツの数学者)，ポアンカレ(フランスの数学者)などが，射影空間やユークリッド空間のなかに，非ユークリッド空間のモデルを作ります. ここでは，ポアンカレの円盤モデルを紹介します.

● 幾何学の分類

　射影変換は，物体から影を作る演算です. 射影法には，平行光線や点光源からの発散光線を用いるなどいろいろあります. 射影変換で失われる図形の性質もありますが，保存される性質もあります. 射影変換では，直線は直線に変換されるし，2つの直線の交点の性質も保存されます. しかし，長さや角度は保存されません. 例えば，円を斜めから投影すると歪んで楕円になります.

　変換で保存される性質に着目すると，色々な幾何学が生まれます. 群という概念も変換の集合に関する構造で，群に着目しても色々な幾何学が定義できます. 例えば，クラインは，ユークリッド空間を，運動群で変わらない(保存される)ものとして定義しました. 同様に，射影幾何学，アフィン幾何学もあります. ポアンカレによる位相幾何学(図形のつながりに着目)なども生まれています.

影の世界から元の世界を推理することの困難さを，次のデザルグの定理で味わって下さい．

■ デザルグの定理

△ABCと△A′B′C′があり，AA′，BB′，CC′を通る直線が1点Oで交わるなら．直線ABとA′B′の交点P，直線BCとB′C′の交点Q，直線CAとC′A′の交点Rは，同一直線上にある．

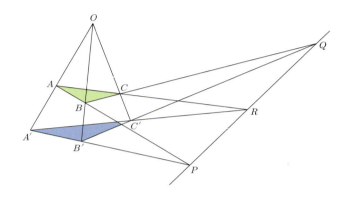

このデザルグの定理の証明は，実はとても難しいのです．3角形と直線が交わる図形で生じる長さの比率に関するメネラウスの定理などを使う必要があります．ところが，左図のように，この図形を平面（2次元）と見ずに，立体（3次元）にあると見ると，ごく当たり前のことを言っていることに気づきます．

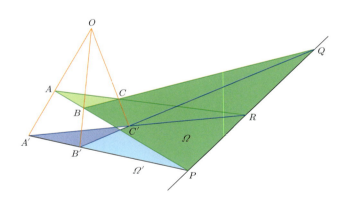

2つの平面Ω（薄緑）とΩ′（薄青）が線分PRで交差しており，△ABCは平面Ω上に，△A′B′C′は平面Ω′上にあります．
光源Oから出る光が，△ABCの影を△A′B′C′に作っています（辺ABの影が辺A′B′など）．

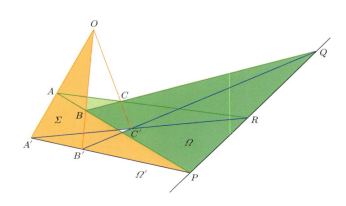

したがって，O，A，B，A′，B′は，同一平面上にあり，この平面をΣ（薄燈）と名付けます．
A，Bを通る直線も，A′，B′を通る直線もこの平面Σ上にあり，P点で交差します．一方，A，B，Pは平面Ω上に，A′，B′，Pは平面Ω′上にあります．結局，P点は平面Ωと平面Ω′の交線上にあることになります．同様にして，QもRも，平面Ωと平面Ω′の交線上にあり，デザルグの定理が証明できました．

デザルグの定理は，2次元で証明するのは難しいが，3次元では証明が要らないほど自明なのはなぜでしょうか？

　3次元でこの図のような模型があったとして，これを2次元に射影する（高さ方向をぺちゃんこ）と，直線が交差する状況は変わらないのですが，長さや角度の情報が失われてしまいます．△ABCと△A′B′C′は，それぞれ別の2次元平面にあったものですが，ぺちゃんこにされて1つの平面（紙面）に入ってしまいました．

　私たちは，高い次元（2次元の世界から3次元の世界）を想像するのは，失われた次元の情報を復元するので困難なのです．デザルグの定理でこれを思い知らされます．

　デザルグは，17世紀初頭のフランスの数学者，建築家．透視図法を発展させた射影幾何学の祖です．ダビンチなどの画家たちは，遠近法や透視図法を古くから用いていましたが，その数学の基礎を固め射影幾何学の本を出したのはデザルグが最初です．

　その後，射影幾何学が本格的に研究されるのは，200年後の19世紀中葉，ポンスレー（フランスの数学者．ナポレオンのロシア遠征に従軍し，ロシアで捕虜のときに射影幾何学を研究した）を待たねばなりませんでした．

　射影幾何学自体，作図など重要な応用がありますが，やはり，19世紀中葉に現れた非ユークリッド幾何学のモデルを作るための重要なツールとなりました．

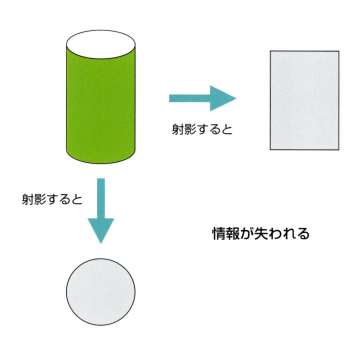

2. 3種類の幾何平面での正則分割を比べよう

平面の**正則分割**というのは，1種類の正多角形タイルで平面をタイル張りすることです．どのような正多角形なら平面を張り詰めることができるでしょうか．

第5章では，ユークリッド平面での正則分割を調べました．ここでは，非ユークリッド幾何平面で正則分割を調べてみましょう．

●球面過剰
それぞれの幾何平面の多角形は，その幾何平面で定義される直線で囲まれた図形です．特に，それぞれの幾何平面の3角形ABCに対して，内角の和 $S=A+B+C$ は，$S=\pi$(ユークリッド平面)，$S>\pi$(楕円的平面)，$S<\pi$(双曲的平面)です．$S-\pi$ を**球面過剰**といいます．

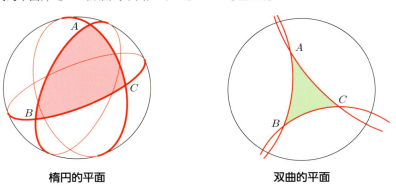

楕円的平面　　　　　　双曲的平面

さて，平面の正則分割に戻り，正 n 角形のタイルが，頂点に k 個集まってタイル張りがなされている状態 $\{n,k\}$ を考え，正 n 角系の内角の和を求めると，$\left(\dfrac{2\pi}{k}\right)n=(n-2)S$ が成り立ち，これから，次の式が得られます．

$$\dfrac{1}{n}+\dfrac{1}{k}=\dfrac{1}{2} \quad \text{ユークリッド幾何平面}$$

$$\dfrac{1}{n}+\dfrac{1}{k}>\dfrac{1}{2} \quad \text{楕円的幾何平面}$$

$$\dfrac{1}{n}+\dfrac{1}{k}<\dfrac{1}{2} \quad \text{双曲的幾何平面}$$

それぞれの幾何平面で，許される $\{n,k\}$ の整数解を求めると，以下の結果を得ます．

$n\downarrow k\rightarrow$	3	4	5	6	7	⋯
3	楕	楕	楕	ユ	双	⋯
4	楕	ユ	双	双	双	⋯
5	楕	双	双	双	双	⋯
6	ユ	双	双	双	双	⋯
7	双	双	双	双	双	⋯
⋮	⋮	⋮	⋮	⋮	⋮	

凡例：楕円的平面／ユークリッド平面／双曲的平面

双曲的平面では無限に作れる

楕円的平面の解5つ(ピンク色)は，5つのプラトン正多面体に対応する球面正多面体
$\{3,3\}$, $\{4,3\}$, $\{3,4\}$, $\{5,3\}$, $\{3,5\}$．
ユークリッド平面の解3つ(水色)は，それぞれ，正3角形，正4角形，正6角形タイルによるタイル張り$\{3,6\}$, $\{4,4\}$, $\{6,3\}$です．

■ ユークリッド平面の正多角形によるタイル張り

正多角形によるタイル張りは，正3角形 {3, 6}，正4角形 {4, 4}，正6角形 {6, 3} で可能です．正3角形および正4角形によるタイル張りは市松模様になりますが，正6角形によるタイル張りは，3色必要とし黒白市松模様はできません．

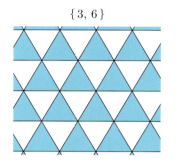
{3, 6}

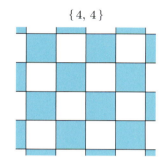
{4, 4}

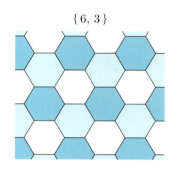
{6, 3}

■ 楕円的平面の正多角形によるタイル張り

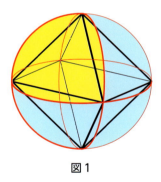
図1

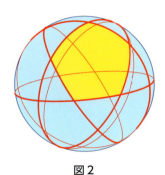
図2

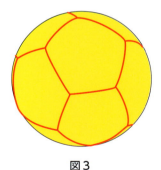
図3

球表面は楕円的平面の例です．球表面の正多角形によるタイル張りは，プラトンの立体に対応する5つが存在します．

図1は，球に内接する正8面体（黒線）と，これに対応する球表面の球面正8面体（赤線）の例です．球面正8面体の頂点は，球に内接する正8面体の頂点と同じですが，辺は頂点間を結ぶ大円です．

例えば，黄色に塗った球表面は，球面正8面体の面の1つ（球面正3角形）です．

図2は，球面正5角（黄色）の例．図3は球面正5角形を面としてできている球面正12面体です．これに対応するプラトンの正12面体を図4に示します．

図4

■ 球面正多面体の面を分割する

　球面 $\{p, q\}$ 多面体の面は球面正 p-多角形です．1つの球面正 p-多角形タイルを $2p$ 個の球面直角3角形 $(p, q, 2)$ に分割しましょう．

　図は球面 $\{5, 3\}$ 多面体の例で，12個の面はすべて球面正5角形（黄色のタイル）です．そして，1つの面は10個の球面直角3角形 $(5, 3, 2)$（赤色タイル）に分割できます．

　ここで3角形 $(p, q, 2)$ とは，内角が $\left(\dfrac{\pi}{p}, \dfrac{\pi}{q}, \dfrac{\pi}{2}\right)$ の直角3角形のことです．

　図に示した球面直角3角形 $(5, 3, 2)$ の例では，内角は，$\left(\dfrac{\pi}{5}, \dfrac{\pi}{3}, \dfrac{\pi}{2}\right)$ で，内角の和は，$\left(\dfrac{31}{30}\right)\pi > \pi$ と π を越しますが，楕円幾何の世界だから当然です（ユークリッド幾何の世界では3角形の内角の和は π）．

$\{5, 3\}$

ユークリッド平面では $\{5, 3\}$ は隙間ができタイル張りになりません．球表面ではタイル張りができ，ユークリッド空間の立体（正12面体）に対応します．

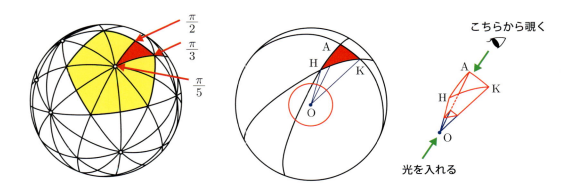

　球表面の球面3角形 $(p, q, 2)$ を，球の中心から見込む3角錐の側面を鏡として，3枚鏡（△OHK，△OKA，△OAH）の万華鏡を作り，中心 O の周りから光を入れて，球面3角形 $(p, q, 2)$ の外側から覗きこむと，球面 $\{p, q\}$ 多面体が見えます．次ページの図は $\{5, 3\}$ 多面体の例です．

■ 球面正多面体とメビウス万華鏡

　球面正多面体は，アラブの数学者，アブル・ワファー（1000頃）に始まります．球面正多面体 $\{p, q\}$ は，球面正 p 角形が，頂点で q 個集まっているもので，球面正 p 角形の内角は $\frac{2\pi}{q}$ で，球面正 p 角形の辺はすべて大円です．

　ここで例に取り上げた球面正12面体は，正12面体 $\{5, 3\}$ に対応するものです．

球面正 p 面体（$p=12$ の例）

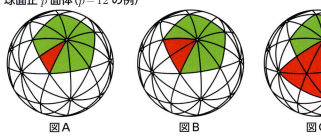

図A　　　　　図B　　　　　図C

　後に，メビウスは多面体万華鏡を発明します（1850）が，これは，球面正 p 角形を，$2p$ 個の球面直角3角形に分割することを使います（図A）．分割された3角形の内角は，$\frac{\pi}{p}$, $\frac{\pi}{q}$, $\frac{\pi}{2}$ で，このような直角3角形を $(p, q, 2)$ のように記述します．

　万華鏡は，3角形（赤く塗った）の各辺（大円）を鏡にすると得られます．
　Aは，メビウス万華鏡になり，正5角形の面を10個の直角3角形に分割しています．
　Bは，正5角形の面を5個の2等辺3角形に分割しています．
　Bでは，Aに存在した鏡映対称面の1つが消えています．
　Cの赤く塗った正3角形の各辺の大円を鏡に置き換えて万華鏡を作れば，球面正20面体の映像が見えます．

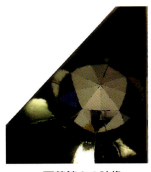　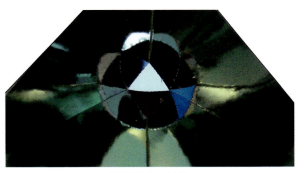

万華鏡Aの映像　　　　　　　　万華鏡Bの映像

■ 直角3角形 (5, 3, 2) による万華鏡の作り方

正12面体の見える万華鏡は，正12面体の中にある直角3角形のピラミッドで作ります．

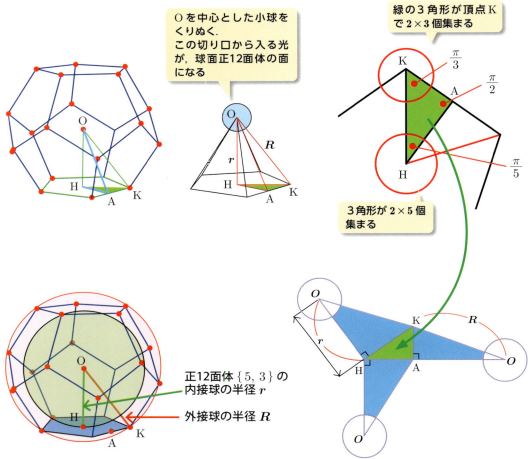

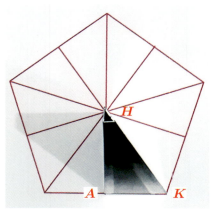

万華鏡を伏せて中心 O 側から見た写真

万華鏡の映像　正多面体 {5, 3} が見える

■ メビウス万華鏡の展開図

　ミラー紙(厚さ0.25mm以上が良い)に次の展開図を描きます．青色の部分が3枚鏡になります．赤線の円か直線のどちらかに沿って切り取り光の窓にします．赤の円弧は球面正12面体像(赤の直線は正12面体像)が見える万華鏡の光の窓になります．辺 OH がつながるように3角錐(鏡面は三角錐の内側)を組み立てます．完成した万華鏡は△ KAH から覗きます．

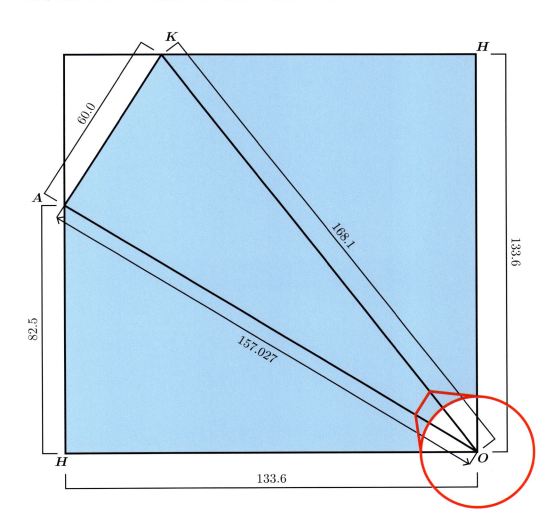

3. ステレオ投影

ステレオ投影とは，球の表面を平面に写像する方法の一つです．
この方法で作った地図を見たことが，きっとあるでしょう．
この本でも，対称要素の立体配置を示すのに，ステレオ投影図を用いています．ステレオ投影の仕組みを，ここで学んでおきましょう．

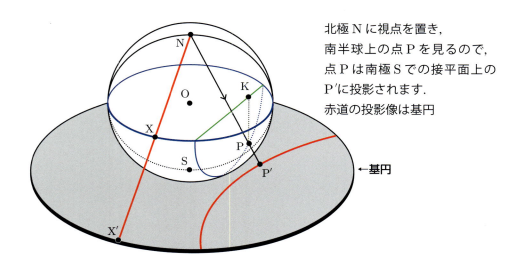

北極 N に視点を置き，
南半球上の点 P を見るので，
点 P は南極 S での接平面上の
P′ に投影されます．
赤道の投影像は基円

←基円

南半球の球面上の点は基円の内部に，北半球の球面上の点は基円の外部に投影されます．

北半球の球面上の点は，南極 S に視点を置き，北極 N での接平面に投影する流儀もあります．

この写像は等角写像(角度を保存する写像)なので，円は円に写像されます．

(球面上)		(平面上)
大円	⇔	基円の直径の両端を通る円
小円	⇔	円

赤道面に直交する小円　⇔　基円の縁で直交する円

ここで，大円，小円とは次のようなものです．

大円：球の中心を通る断面で切った球の切り口
小円：球の中心を通らない断面で切った球の切り口

■ 対称要素のステレオ投影の作り方

南半球をステレオ投影すると図のようになります.

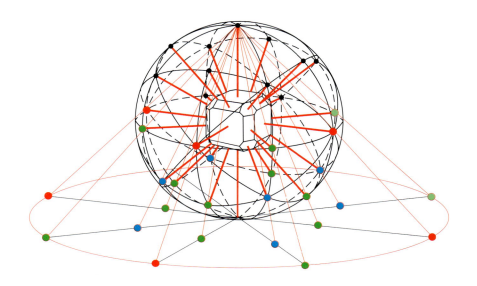

step1　多面体を球の中心に置いて, 球の中心から多面体の各面に下した垂線（赤い線）が, 球表面を突き抜ける点が, 多面体の面の球表面への投影点です.

step2　球表面の投影点（南半球）を, 球の北極と結び, 南極での接平面上に投影します.

　この多面体には, 各面に垂直にさまざまな回転対称軸があります.

　ステレオ投影により, これらの対称要素の配置図を, 平面（基円内）に得ることができます.

　各面の対称軸の位置（■, ▲, ●など）, 鏡映面（赤い円弧）, などが記号で図示されます.

　このステレオ投影の例で用いた多面体の対称要素の配置の見取り図を見て下さい. このような見取り図で多面体を描くのは大変です. しかし, ステレオ投影を使えば, 簡単にわかり易く, 多面体や対称要素を表示できることがわかるでしょう.

● : 2回軸
■ : 4回軸
▲ : 3回軸

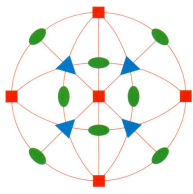

ステレオ投影図

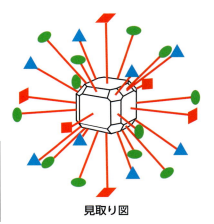

見取り図

4. ポアンカレの円盤は双曲幾何の世界

　ポアンカレの円盤世界では，外周円に直交する円弧を直線（最短距離）と定義しました．私たちには円弧に見えますが円盤内にいる人にはこの円弧が直線です．

　円盤内を分割している正多角形のタイル（☞ p.140参照）は見た目は違って見えますが，双曲幾何の世界では，皆同じ大きさです．円盤内は無限に広く，どこまで行っても外周円（世界の縁）に到達できません．

　別の言い方をすれば，これらの直線を辿って歩くと，縁に近づくほど速度がどんどん遅くなる（あるいは，自分がどんどん縮む）のです．

　直線（我々には円弧に見える）で正則分割された円盤内の世界は，以下に述べる「円による反転」という操作で互いに鏡像になります．

　例えば，{6, 4} 分割の図（☞ p.140の下図参照）で，赤い円弧で分割された左右の世界は互いに鏡像です．同様に，円盤の縁に直交するどんな円弧で分割された左右の世界も互いに鏡像です．このように，どんなに小さく見える分割された世界にも，大きく見える世界が映し出されます．不思議ですね．これは，ポアンカレ円盤の世界が無限に広いからです．

■ 円による反転

　有限なのに世界の果てに到達できない！　世界の果てに近づくほど，自分自身も小さくなるポアンカレの円盤世界の仕組みは，円による反転が関係しています．

　グレーの円盤をポアンカレの円盤世界とします．この円盤世界の縁で直交する円弧（赤色）は，この円盤世界では直線です．この円盤世界を分ける赤色の円弧による反転という操作は，円盤の左右の世界を互いに映し合う鏡映操作です．

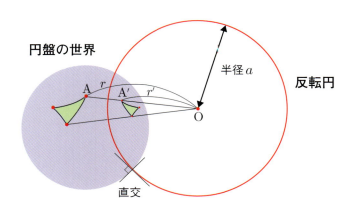

定　義

円（赤色）による反転操作

反転円（赤い円）の中心を O，反転円の半径を a とします．点 A と点 A′は円 O に関する反転鏡映で互いに映り合う点なら，$OA = r$, $OA' = r'$ として，$r \cdot r' = a^2$ の関係にあります．

＊円による反転の性質の詳細は，第 7 章で述べます．

■ ステレオ投影で結びつく双曲幾何と楕円幾何の世界

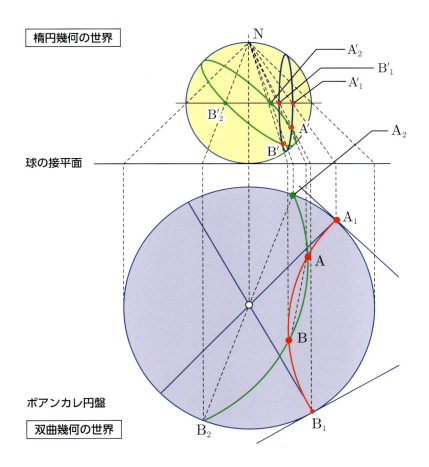

　ポアンカレ円盤内の2点 A, B を結ぶ双曲幾何の世界の"直線"は赤の円弧です．この赤い円弧は，球表面では赤道面に直交する小円(黒色)に対応します．しかし，球表面の A′，B′を結ぶ球面上の直線は大円(緑色)です．球面幾何の世界のこの直線(大円)をステレオ投影するとポアンカレ円盤内の緑の円弧になります．この円弧はポアンカレ円盤内では直線ではありません．

注)双曲幾何の世界の直線は，外周円と直交する円弧です．

5. 双曲幾何平面のタイル張り

■ 双曲的平面の正多角形によるタイル張り

双曲的平面では正則分割は無限にありました．
例として，{6, 4} と {5, 4} を取り上げましょう．

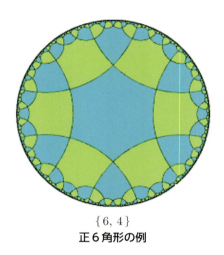

{6, 4}
正 6 角形の例

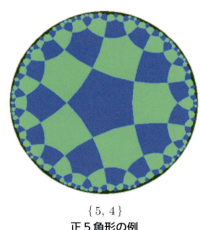

{5, 4}
正 5 角形の例

{6, 4} は正 6 角形による双曲的平面の正則分割で，各頂点に 4 個の正 6 角形が集まっています．円盤の中は双曲幾何の世界ですから，この世界の直線は円盤の縁に直交する円弧で，正 6 角形の辺はすべてこの世界の直線でできています．同様に，{5, 4} の図は正 5 角形による双曲的平面の正則分割の例です．

さて，{6, 4} 分割の円盤の中に描かれた正 6 角形はすべて同じ大きさです．例えば，右図の赤い円弧で分けられた世界は左が大きく右が小さいようですが，双曲幾何の円盤内の世界では同じ広さです．どちらの世界も無限に広い．円弧は左右の世界を写し合う鏡でもあり，鏡に映ると色が変り（青⇔黄緑），頂点に偶数個の正多角形が集まるこの例では，円盤内を市松模様に塗り分けます．

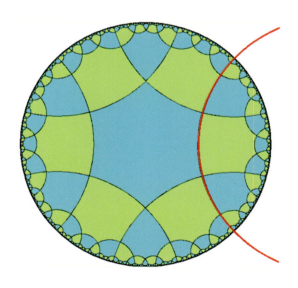

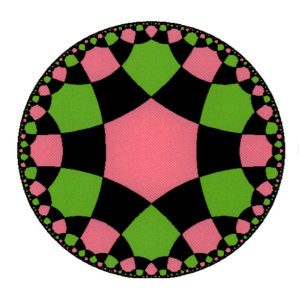

複数種類の正多角形を使って双曲的平面の分割をするのはユークリッド空間の準正多面体に似ています．この例は，正6角形と正4角形を使った分割です．

[6, 4, 6, 4]

■ 双曲的平面の正多角形を直角3角形に分割

双曲幾何の世界で {6, 4} 分割についてさらに考察を深めましょう．

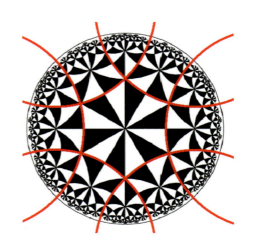

双曲的平面の {6, 4} 正則分割タイル◆を，30°　45°　90°の直角3角形◣▷ $\left(\frac{\pi}{6}, \frac{\pi}{4}, \frac{\pi}{2}\right)$ で再分割しました．
この3角形は簡単に (6, 4, 2) と記載します．

$\frac{\pi}{6} + \frac{\pi}{4} + \frac{\pi}{2} = \left(\frac{11\pi}{12}\right) < \pi$ となるのは，双曲幾何の世界なので当然です．

分割を作っている円弧（赤線を描かなかったものも）は世界の果てとなる円の縁で直交していますから，すべて直線です．

6. エッシャー作品「極限としての円」のトリック
（コクセターによる解説より）

　エッシャーの作品（左図）は魚の流れを示す白い線で分割された双曲面の $[4,3,4,3,4,3]$ 分割のように見えますが，実は右図の黒い線が示すように $\{8,3\}$ の正則分割です．

　分割する正多角形の辺は直線でなければなりませんが，白い線は直線ではない（円の縁で直交する円弧でない）ことがその理由です．黒い線が直線であることは，下図に書き込んだ赤い円弧（いずれも直線）を見れば理解できるでしょう．

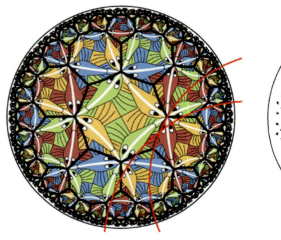
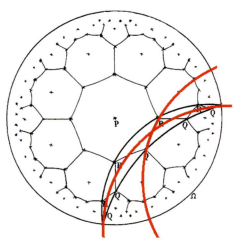

　双曲的平面の正 8 角形は，双曲的平面の直線で囲まれています．この直線は，エッシャーの絵の魚の流れ（基円の縁と 80°で交わる白い円弧）とは別のものです．正 8 角形の中には 4 匹の魚がおり，中心に 4 回軸があります．

　もちろん白い円弧に関して鏡映対称ではありません．エッシャーの極限としての円シリーズは，この図のように，分割の辺を図案から隠すトリックを用いたシリーズⅢで完成します．

コラム〈COLUMU〉

エッシャー作品の生まれるまで

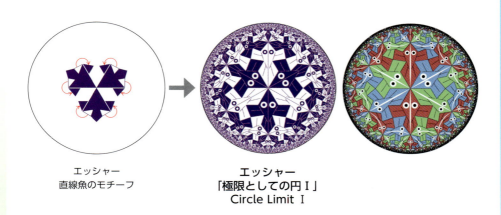

エッシャー
直線魚のモチーフ

エッシャー
「極限としての円Ⅰ」
Circle Limit Ⅰ

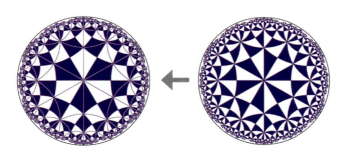

コクセター
3角形 $(6, 4, 2)$ による
双曲面の $\{6, 4\}$ 分割の再分割

　コクセターはこの図を直線定規とコンパスで作図したのです．
　コクセターとエッシャーはオランダで開催された1954年の国際数学者会議(ICM)で出会いました．1958年にコクセターはこの分割を掲載した論文*をエッシャーに送り，これがエッシャーの「極限としての円」の作品群を生むことになります．

*By S.H.M.Crystal Symmetry and Its Generalizaitions (published in the Transactions of the RoyalSociety of Canada in 1957).

コクセター万華鏡$\{7, 3\}$

● コクセター万華鏡

　このコクセター万華鏡は直角3角形 (7, 3, 2) の辺を鏡にして作られます．この双曲幾何のポアンカレ円盤世界の直線は，円盤の縁で直交する円弧です．双曲面の正則分割 $\{7, 3\}$ の正7角形を，直角3角形 (7, 3, 2) で分割したコクセター万華鏡を示します．

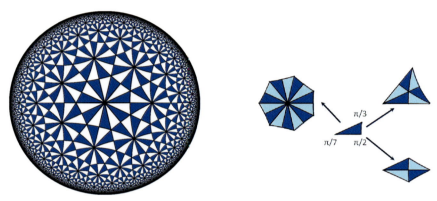

※ wikipedia を加工 (https://en.wikipedia.org/wiki/File:Order-3_heptakis_heptagonal_tiling.png)

　この万華鏡像は，直角3角形 (7, 3, 2) の辺を鏡にして，円による反転(数学的演算)により得られます．しかしながら，円柱鏡による反射像には収差があるので，反射を繰り返すとボケてしまいます．

　円柱鏡の1回反射の実験例を示します．右側世界は左側世界の鏡像なので，市松模様が鏡面に沿って反転しているのがわかるでしょう．

第7章 繰り込まれていく世界

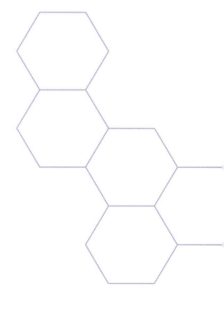

フラクタルは，自分と同じ形を内部に
次々と繰り込んでできる世界です．
このような数学的操作が作る万華鏡の世界が
フラクタルです．
対称な世界はあまりにも完璧で，
生命のない世界のようです．
この章では，成長の息吹が感じられる
フラクタルの世界も覗いてみましょう．

1. 自然の中のフラクタル

■ フラクタル

拡大しても拡大しても内部に組み込まれている"自己相似な図形"が現れます．詳細は158ページをご覧下さい．

葛飾北斎（1830年代前半）の富岳36景，神奈川沖浪裏の絵には砕け散る波しぶきの中に，また波しぶきが見えます．あるいは，すっかり葉を落とした木立の先が，さらに枝分かれを繰り返しているさまや，雲や海岸線の輪郭が，拡大しても拡大しても同じような形が見えることに気がつきましたか．

自分と同じ形が自分の中に縮小されて無限に何度も繰り込まれているような図形の性質をフラクタル性と言います．

「砕け散る波しぶきの中に，また波しぶきが」富岳36景 神奈川沖浪裏の絵　葛飾北斎 作

■ 雲や海岸線のフラクタル性

1倍　　　2倍　　　4倍　　　8倍　　　16倍

三陸海岸の海岸線の拡大です．拡大しても拡大しても，新たに細部が見えてきて，元の海岸線の形も，拡大した海岸線の形も似たようなものです．

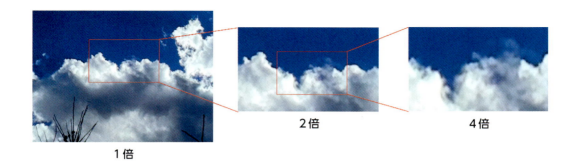

1倍　2倍　4倍

■ ロマネスコのフラクタル性

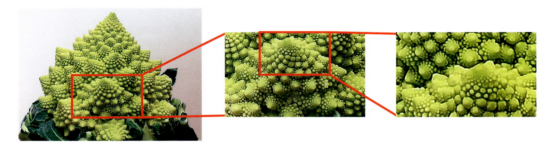

　ロマネスコ(野菜)の写真です．全体(三角錐の形)は自分と相似な三角錐の小山でできています．その小山の一つ一つもさらに小さい小山でできています．これが無限に繰り込まれていくとフラクタルになります．小山の中心の成長点は全体の成長と共に周囲に運ばれ，その運ばれる方位は小山の空いている方向とすれば，小山の配列が対数らせんになります．右回りのらせんの数，左回りのらせんの数を数えて見て下さい．これらの数はフィボナッチ数になることが知られています．

■ 樹木の枝のフラクタル性

　似ている構造が，次々と繰り込まれるように成長しています．枝が成長して行くと2股に分かれ，さらにそれぞれ成長して行くと，それぞれまた2股に分かれます．このような成長を繰り返し，フラクタル構造ができます．

　しかし，実際の木(写真)では，2股に分かれた枝は同等でなく，主と従がある(次に2股に枝分かれする能力は，従の方が主の半分程度)とすると，成長でできる形とよく合います．

2. フラクタルと黄金比

■ 黄金比

次々と内部に繰り込まれていく自己相似な図形があります．例えば，外側の青い正5角形に対して内部の小さい正5角形，あるいは外側の赤い星形に対して内部の小さい星形などです．

外側の正5角形と内側の正5角形，あるいは外側の星形と内側の星形の相似比を調べてみましょう．

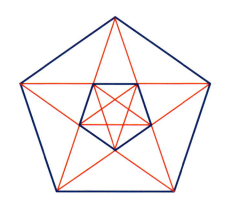

■ 正5角形に見られる黄金比

正5角形の中に対角線を引くと，頂角36°の二等辺三角形がたくさんできます．

水色の二等辺三角形の底辺を1，斜辺をϕとします．相似3角形の性質から，緑色の二等辺三角形は，底辺ϕ，斜辺ϕ^2，大きな赤色の二等辺三角形は，底辺ϕ^2，斜辺ϕ^3です．

緑の二等辺三角形と内部の水色の二等辺三角形を見ると，$\phi^2 = 1 + \phi$ が成り立つことがわかります．

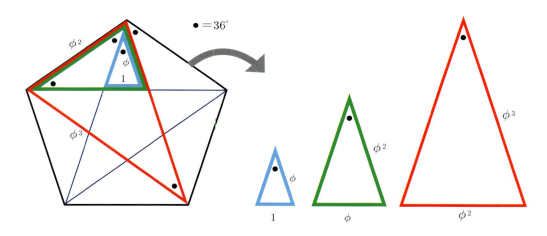

これを解くと，$\phi = \dfrac{1+\sqrt{5}}{2} = 1.618\cdots$ が得られます．

ちなみに，$\phi^2 = 1 + \phi = 2.618\cdots$ も得られます．この1：ϕのことを 黄金比 と言います．

黄金比は，相似な図形が内部に次々と繰り込まれていく（フラクタル構造）とき［この例では，二等辺3角形が繰り込まれている］，しばしば現れる比率です．

繰り込まれてできる図形は，まとまりの良い美しい感じがします．

■ 五芒星と黄金比

　五芒星は洋の東西を問わず，魔術では守護の力があるとされました．五芒星はピタゴラス学派の紋章でも有名です．

　この対称性は桔梗紋に使われています．黄金比 $(1:\phi)$ ばかりで構成された図形で，次々に繰り込まれていく黄金比の三角形が見られます．

　直線定規とコンパスを有限回繰り返し用いて作図できるのは，長さの加法，減法，乗法，除法，開平ですので，$p+q\sqrt{r}$ の形の数（p, q, r は有理数）に限られます．

　黄金比 ϕ は直線定規とコンパスで作図できる無理数です．

　開平を繰り返せば，2のべき乗根（4乗根，8乗根，…）は作図できますが，例えば立方根は作図できません．

　ギリシャの3大作図問題のうち，次の2つは立方根の作図なので不可能です．

(1) 立方体の体積を2倍にする．
(2) 任意の角度を3等分する．

　もう一つの作図問題
(3) 与えられた円と同じ面積の正方形を作る．

は，π が代数方程式の解ではないので，直線条規とコンパスでは作図できません．

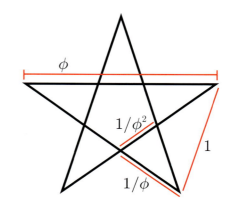

桔梗紋

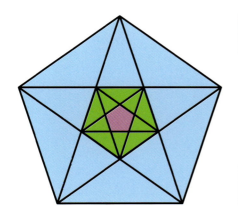

Q 次々と組み込まれていく正5角形があります．
青→緑→ピンク
各正5角形の相似比はいくらでしょう．黄金比を $1:\phi$ とします．

A 青：緑：ピンク $= 1 : 1/\phi^2 : 1/\phi^4$

コラム〈COLUMN〉

黄金3角形のパズル

小梁修（OSA工房）の黄金三角形パズルの1つを紹介します．

(1) 正五角形の中を図のように分割して作った3種類の三角形があります．

$$a : b = 1 : 1/\phi$$

（ただし，$\phi = \dfrac{1+\sqrt{5}}{2}$　黄金比）

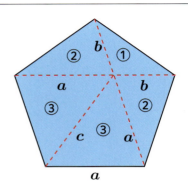

Q1 ①〜③はどれも2等辺三角形ですが，なぜでしょうか．

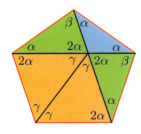

ヒント
・両底角が等しいと2等辺三角形になります．
・オレンジ色は平行4辺形です．

Q2 これらの3種類の三角形の面積に関して，次の関係があります．
（水色の三角形）+（黄緑色の三角形）=（オレンジ色の三角形）
これを証明してください．

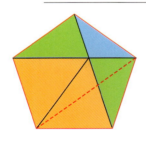

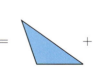

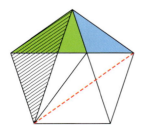
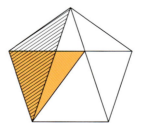

ヒント　補助線一本（赤い点線）で等しい面積を移動できます．

(2) 水色と黄緑色とオレンジ色の三角形パーツを使って下図のようないろいろな大きさの正五角形を作りました.

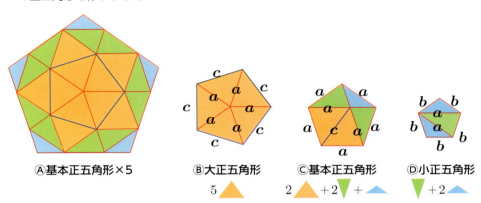

(1)の正五角形(基本正五角形と呼ぶ)の面積を1とすると各正五角形の辺長は，Ⓐ5×基本正五角形(辺長 $\sqrt{5}a$)，Ⓑ大正五角形(辺長 c)，Ⓒ基本正五角形(辺長 a)，Ⓓ小正五角形(辺長 b)となります.

Q3 作ったいろいろな大きさの正五角形の面積はいくらでしょうか.
(Ⓐ：Ⓑ：Ⓒ：Ⓓ $= 5a^2 : c^2 : a^2 : b^2$ の面積比になります)

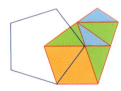

 正五角形(小，基本)を見つけてみてください.

A $a : b = 1 : 1/\phi$ （ただし，$\phi = \dfrac{1+\sqrt{5}}{2}$ 黄金比）
これらを用いて，$5 : 1 + 1/\phi^2 : 1 : 1/\phi^2$ が求める比率です.

(基本正五角形) + (小正五角形) = (2 🔺 + 2 🔻 + 🔺) + (🔻 + 2 🔺)

= 2 🔺 + 3 🔻 + 3 🔺

Q2で証明した面積の関係を使い

= 5 🔺

これらの正五角形の辺長は，それぞれ a, b, c なので，面積は辺長の2乗に比例することを使い

$$a^2 + b^2 = c^2$$

の関係が得られます.

3. 星型多面体

星型正多角形（ダ・ビンチの星型）

下の青や緑の図形は，星型正多角形の例で星型5角形（五芒星）と星型8角形（ダ・ビンチの星型）です．頂点同士を結んだ赤い輪郭線は，それぞれ正5角形と正8角形になり，凸多角形（凹所のない多角形）です．

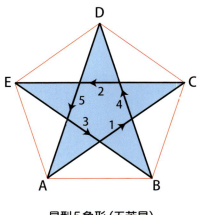
星型5角形（五芒星）
{5/2}

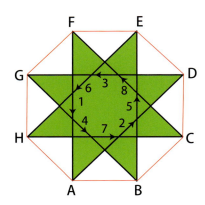
星型8角形（ダ・ビンチの星型）
{8/3}

星型5角形

青い星型5角形について詳しくみていきましょう．頂点Aから辺をA→C→E→B→D→Aと1周りたどると，辺の向き（→）が2回転することがわかります．あるいは，「5角形の頂点を1つ飛ばしでたどって，2周して始めの頂点に戻る」という言い方もできます．このような星形を{5/2}と表記します．

星型8角形（ダ・ビンチの星型）でも同様で，右の図形は{8/3}です．

 それぞれの星型の中に，また同じ形の星型が繰り込まれています．外の星型と内の星型の大きさの比はいくらでしょうか？

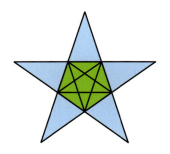
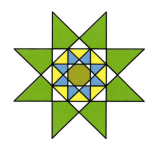

A　星型正5角形　$1 : 1/\phi^2$（ただし $\phi = (1+\sqrt{5})/2$　黄金比），
　　星型正8角形　$1 : \sqrt{2} - 1$

星型5角形を 5/2 と書くのは，$2 \times 360°/5 = 360°/(5/2)$ だからです．この星型5角形が頂点で5つずつ集まる $\{5/2, 5\}$ は，星型小12面体になります．

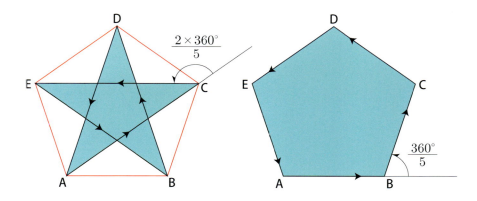

● 星型デザインへの応用例

グラス

ユニット折り紙で作った箱

■ 星型正多面体（ケプラーの星型正多面体）

(1) 正12面体をコア（芯）にしてできる星型「星型小12面体」

右の写真の星型は，東京都庭園美術館，旧朝香宮邸，姫宮の部屋の照明器具にも使われています．コアになるのは正12面体で，その12個の正5角形の面の上に，それぞれ正5角錐を取り付けた形をしています．正5角錐の頂点は，それぞれ，芯となる正12面体の面に対応していますから，頂点を結んでできる図形（赤の多面体）は，正12面体に双対な正20面体です．

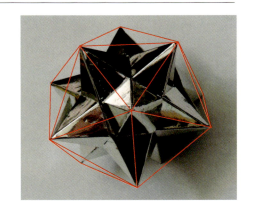

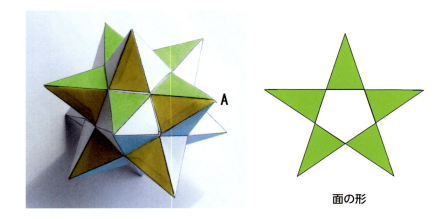

面の形

　正5角錐の頂点（例えばA）の周りに，星型正5角形 {5/2} が5個集まっている立体です．芯に正5角形の穴のある五芒星の板を，各頂点で5枚ずつ組み合わせると，この立体になります．したがって，この星型正多面体はシュレーフリの記号で {5/2, 5} となります．

　さて，この星型小12面体 {5/2, 5} は，プラトンの正多面体（正12面体）を芯にして，その正5角形の面に正5角錐を貼りつけた形でした．同様に，プラトンの正多面体（正20面体）を芯にして，その正3角形の面に正3角錐（正4面体）を貼り付けてできる形は，**星型大12面体** {5/2, 3} と呼ばれます．これら2つの星型は，ケプラーの星型多面体とも呼ばれます．序に，この2つの星型に双対な，{5, 5/2}，{3, 5/2} は**ポアンソの星型**と呼ばれます．

　星型小12面体は，五芒星の面 F が12枚，稜の数 E が30，頂点の数 V が12ですので，$F-E+V=-6$（私たちの知っているオイラーの多面体定理では2）となります．これは星型小12面体の空間が，球の位相と異なり，穴が4つ空いた浮輪と同じ位相であるためです．

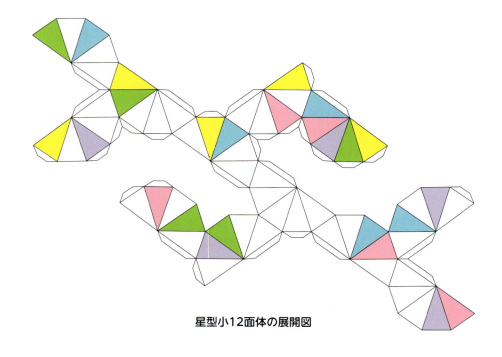

星型小12面体の展開図

(2) 正6面体をコア（芯）にしてできる星型

　下の写真は正6面体の正方形の6つの面上に，正4角錐が乗っている形です．正4角錐の面がすべて正3角形である場合が(A)の星型です．正4角錐の3角形の面（実は2等辺3角形）のペアが平面になる場合は(B)菱形12面体です．こちらは凹所がないので星型ではありません．

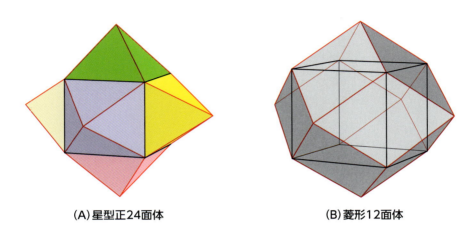

(A) 星型正24面体　　　　　　　　　　(B) 菱形12面体

(A)，(B)の違いは，展開図を見るとよくわかります．

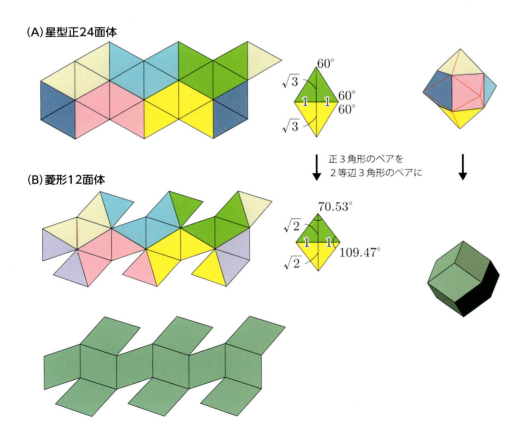

(3) 正8面体をコアにして作られる星型

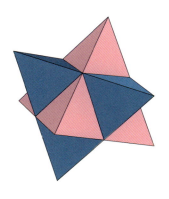

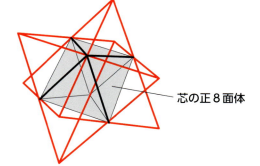

芯の正8面体

これは，正8面体を芯（グレー色）にして，正8面体の8つの正3角形の面の上に，それぞれ正4面体が乗っている形の星型です．互いに点対称にある2つの大きな正4面体（青色とピンク色）が噛み合った形です．星型の頂点を結んでできる図形は，正8面体に双対な正6面体です．

展開図は右のようになります．

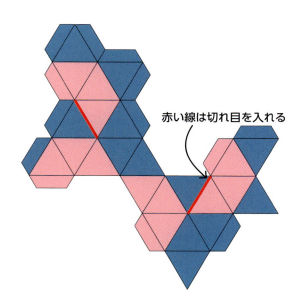

赤い線は切れ目を入れる

次のユニット折り紙の形もこの星型です．星型の頂点を結ぶと芯にある正8面体に双対な正6面体ができます．

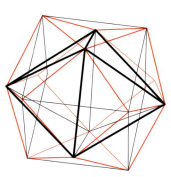

芯には
正8面体（黒い線）
がある

このユニット折り紙は，正8面体をコアとして，各正3角形の面上に正3角錐が乗った星型です．ただし，この折紙では，正3角錐の面は正3角形ではなく直角3角形です．そして，各面はツートンカラーになっています．

4回軸により4色の置換，3回軸により3色の置換と1色の保存，2回軸により2色の置換と2色の保存が起こります．

例えば，ユニット折り紙の写真に書き加えた4回軸は，黄→緑→紫→青の置換を行います．3回軸は，黄色の保存と紫→緑→青の置換を行います．3回軸の方向から見ると順繰りに置換される3色が見え，見えないもう1色は，3回軸に垂直な大円上にあります．このような色置換も対称性を満たすようなユニット折り紙の組み立ては，右のカラーマップ展開図を見ながら作ります．

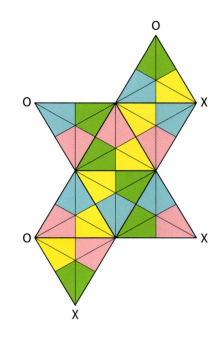

(4) 正4面体をコアにして作られる星型

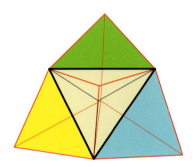
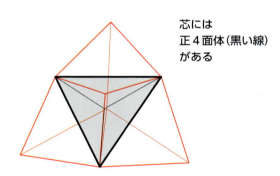

芯には
正4面体（黒い線）
がある

正4面体の4つの面のそれぞれに正4面体を貼り付けた形です．できた星形の頂点は4つで，頂点を結ぶと，また正4面体になります．これは，正4面体の双対図形が正4面体であることからわかります．

正4面体が5つ（芯にあるのは見えません）でできています．これを4次元の世界で組み立てると4次元の正5胞体（5つの3次元の正4面体を面に持つ4次元の立体のこと．4次元多胞体の面は3次元の多面体）ができます．その意味で，この星型は，4次元正5胞体の3次元の展開図といえます．

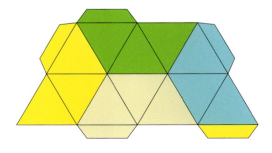

注）プラトンの正多面体をコア（芯）にして，星型を作りました．正20面体をコアにして，20個の正3角形の面の上に正3角錐（正4面体）を乗せた星型もありますが，作りにくいので割愛します．

4. フラクタル図形

■ 自己相似な図形

図形を拡大する（解像度を上げる）たびに，図形の細部が新たに見えだすのですが，その細部がいつも自分と同じ形です．このような図形の性質を「自己相似」といいます．そのような図形には次のような性質があります．

① 至る所ギザギザで接線が引けない曲線．
② 図形の一部を拡大すると全体と同じ形が現れる図形

●ペアノ曲線

ペアノ曲線はペアノ（イタリアの数学者）が1890年に発見した最初の空間充填曲線です．次のようなステップで作られます．

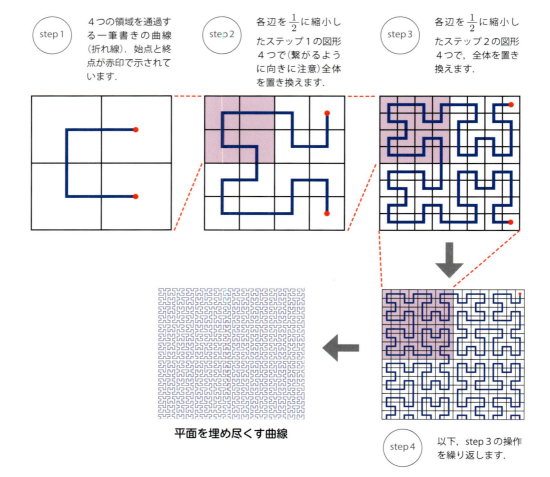

領域の中に，始点と終点（赤印）があり領域内のすべてを巡る一筆書きの曲線を描きます．次の step に進むには，現在の領域に各辺を $\frac{1}{2}$ に縮小したものが4個が入っています．この操作を無限回繰り返すと，この領域の中は一筆書きの曲線で埋め尽くされます．

ペアノ曲線のフラクタクル次元 d は，$2^d = 4$ より $d = 2$ 次元となります．（次元の定義については次節参照．）

●コッホ曲線とフラクタル次元

コッホ（スエーデンの数学者）が，1904年に提示した奇妙な曲線です．
コッホ曲線の作り方は，次のようです．

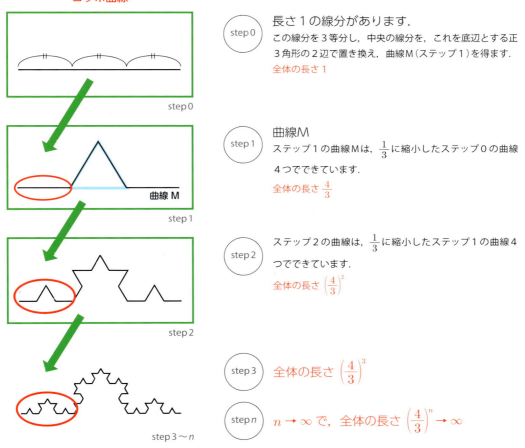

step 0 　長さ1の線分があります．
この線分を3等分し，中央の線分を，これを底辺とする正3角形の2辺で置き換え，曲線M（ステップ1）を得ます．
全体の長さ1

step 1 　曲線M
ステップ1の曲線Mは，$\frac{1}{3}$ に縮小したステップ0の曲線4つでできています．
全体の長さ $\frac{4}{3}$

step 2 　ステップ2の曲線は，$\frac{1}{3}$ に縮小したステップ1の曲線4つでできています．
全体の長さ $\left(\frac{4}{3}\right)^2$

step 3 　全体の長さ $\left(\frac{4}{3}\right)^3$

step n 　$n \to \infty$ で，全体の長さ $\left(\frac{4}{3}\right)^n \to \infty$

この操作を無限に繰り返して，得られるのがコッホ曲線です．無限に繰り返す $(n \to \infty)$ と，全体の長さは無限大になります．見た目には有限なのに，この結果は信じられないほど奇妙ですが，それはコッホ曲線の次元が1次元ではないからです．

5. フラクタル次元

■ フラクタル次元の定義

●拡大を使った場合

自己相似な図形を $r(>1)$ 倍に拡大すると，元の図形が N 個含まれるとき，この図形のフラクタル次元 d は

$$r^d = N$$

両辺の対数(底は任意)を考えると，$d = \dfrac{\log N}{\log r}$ となります．

●縮小を使った場合

元の図形を $r(<1)$ 倍に縮小したとき，元の図形を作るのに，縮小図形が N 個必要ならば，この図形のフラクタル次元 d は，

$$\left(\frac{1}{r}\right)^d = N$$

両辺の対数を考えると $d = -\dfrac{\log N}{\log r}$ となります．

なお，$\dfrac{1}{r}$ を r' と置けば(r' 倍に拡大と解釈)，上の場合の式と一致します．

●コッホ曲線のフラクタル次元の例

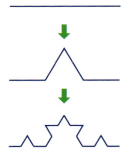

3倍の長さに，1世代前の曲線が4個入る(あるいは，自分の中に，$\dfrac{1}{3}$ に縮小した自分自身が4個入り，次世代の曲線ができる)ので，フラクタル次元 d は；$3^d = 4$ であるから，

$d = \dfrac{\log 4}{\log 3} = 1.26\cdots$ 　1.26…次元

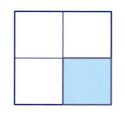

2倍拡大の図形（辺を2倍に拡大した図形）には，現サイズの図形4個が含まれるならば
$2^d = 4$ より $d = 2$ 次元

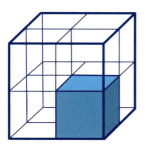

2倍拡大の図形（辺を2倍に拡大した図形）には，現サイズの図形8個が含まれるならば
$2^d = 8$ より $d = 3$ 次元

これらは，平面は2次元，空間は3次元という普通の次元の定義と一致します．通常の曲線は幅がないので1次元ですが，ペアノ曲線は，2次元でした．

■ 次元の例

(1) 直線

長さ2倍の領域に2個含まれる．
$2^d = 2$ より $d = 1$　1次元

(2) 変形シェルピンスキーの窓

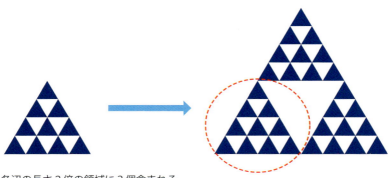

各辺の長さ2倍の領域に3個含まれる．
$2^d = 3$, $\quad d = \dfrac{\log 3}{\log 2} = 1.5850$　$1.585\cdots$次元

■ シェルピンスキーの窓

　フラクタル図形は，自己相似な図形が次々と無限に繰り込まれている図形です．解像度を上げると，どんどん細部が見えてきますが，それらがいつも同じ形なのです．そのような図形のうち，**シェルピンスキー**(ポーランドの集合論の数学者)が，1915年に提示した図形の作り方を見てみましょう．

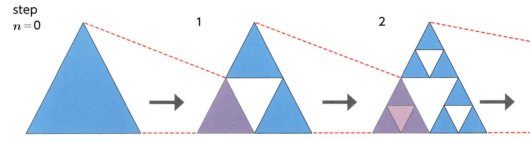

step $n=0$　正三角形があります
1　正三角形を4分割して，真中を取り除きます
2　周囲に残った正三角形の場所3か所に，前の段階の図形を1/2に縮小して納めます

n	0	1	2
面　積(S)	1	$\dfrac{3}{4}$	$\left(\dfrac{3}{4}\right)^2$
周　長(ℓ)	3	$3\left(\dfrac{3}{2}\right)$	$3\left(\dfrac{3}{2}\right)^2$

(3) シェルピンスキーのカーペット

　長さ3倍の領域に，現在の図形を8個詰め込む(真ん中は空)
　これを無限回繰り返し(繰り込み)得られる図形

フラクタル次元は $3^d=8$ より，　$d=\dfrac{\log 8}{\log 3}=1.89\cdots$

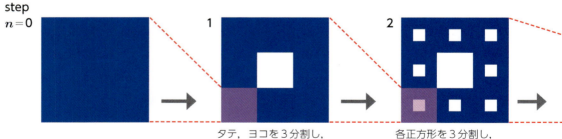

step $n=0$
1　タテ，ヨコを3分割し，真中の正方形を取り除く
2　各正方形を3分割し，それぞれ真中を取り除く

n	0	1	2
面　積(S)	1	$\dfrac{8}{9}$	$\left(\dfrac{8}{9}\right)^2$
周　長(ℓ)	4	$4+\dfrac{4}{3}$	$4+\dfrac{4}{3}+\dfrac{4}{3}\dfrac{8}{3}$

長さ2倍の領域に現在の図形を3個詰め込むフラクタル次元は $2^d = 3$ より，
$d = \dfrac{\log 3}{\log 2} = 1.585\cdots$

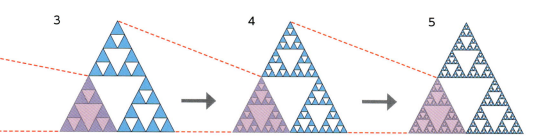

以下，step 2 の操作を無限に繰り返します．面積は0に収束し，周長は無限大に発散します

$n-1$ から n へ	n	∞
$S_n = \left(\dfrac{3}{4}\right) S_{n-1}$	$\left(\dfrac{3}{4}\right)^n$	$\to 0$
$\ell_n = \left(\dfrac{3}{4}\right) \ell_{n-1}$	$3\left(\dfrac{3}{2}\right)^n$	$\to \infty$

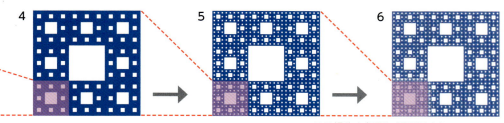

この操作を無限に繰り返すと，面積は0に収束し，周長は無限大に発散

$n-1$ から n へ	n	∞
$S_n = \left(\dfrac{8}{9}\right) S_{n-1}$	$\left(\dfrac{8}{9}\right)^n$	$\to 0$
$\ell_n - \dfrac{16}{5} = \dfrac{8}{3}\left(\ell_{n-1} - \dfrac{16}{5}\right)$	$\left(\dfrac{8}{9}\right)^n \dfrac{4}{5} + \dfrac{16}{5}$	$\to \infty$

コラム〈COLUMN〉

メンガーのスポンジ

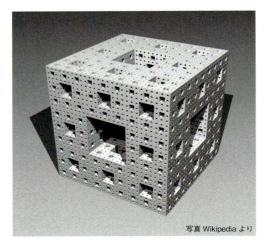

写真 Wikipedia より

メンガー(オーストリア，アメリカの数学者)の提示した3次元のフラクタル図形です．立方体に穴を開けるたびに，表面積は増大し，体積は減少します．無限回の繰り返しで，表面積は無限大，体積は0になります．この立体の表面はシェルピンスキーのカーペットです．

辺の長さ1の立方体の中心に，縦・横・高さの方向に辺の長さ$\frac{1}{3}$の4角に穴を開けた立体Mを考えます．この立体Mは，辺の長さ$\frac{1}{3}$の立方体20個からできていますので，これら20個の立方体を，立体Mを$\frac{1}{3}$に縮小して置き換える．さらに細かく分割し，20^2個の立体を$\left(\frac{1}{3}\right)^2$に縮小した立体Mで置き換える．…という操作を繰り返します．

これは，「長さ3倍の体積中に，現サイズを20個詰め込む」という操作の繰り返しです．

フラクタル次元 d は；$3^d = 20$ より，$d = \dfrac{\log 20}{\log 3} = 2.7268\cdots$

■ 応用トピックス

厳密なメンガーのスポンジを作るには，無限回の操作が要りますが，4段回程度の近似的なメンガーのスポンジを誘電体(アルミナなどのセラミックス)で作り，この形の中に「光や電磁波を閉じ込められないか」という実験も行われています．

6. 反転円が作るフラクタル

■ 反転円による円盤世界の領域

前章で紹介した"円盤世界"の内部は，双曲幾何の支配するモデル世界でした．私たちがいるのは，"円盤世界（うすい紫色）Ω"の中で，そこは双曲幾何の世界だと想像してください．赤い円は，この円盤世界の縁と直交しているので，この世界では，"直線"（最短距離）です．

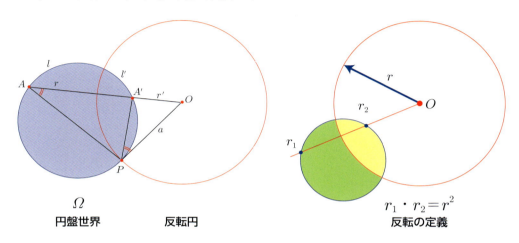

$\triangle \text{OAP} \backsim \triangle \text{OPA}'$ なので
$r \cdot r' = a^2$（ただし，$\text{OA}=r$，$\text{OA}'=r'$，反転円の半径$=a$）
が成立します．

これは，点 A と点 A' が反転円（赤い円）で，互いに反転することを示しています．つまり，円盤の縁 l は，反転円 O で，円盤の縁 l' に写像されます．同様に，赤い円 O で 2 分される円盤世界の 2 つの部分（右図の緑と黄）は，この赤い円で互いに反転し合うので，円盤世界全体は，自分の上に入れ替わって写されます．

円盤世界 Ω の内部を，3つの円が接するように円で埋めていきます．

①円 α，β を描きます．
②外周円 Ω と円 α，そして円 β の3つの円に接する円 γ を描きます．
③外周円 Ω と円 β，そして円 γ の3つの円に接する円 δ を描きます．

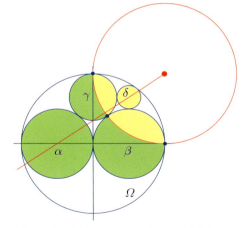

円 Ω と円 β の接点，円 Ω と円 γ の接点，円 γ と円 β の接点の3点を通る円（赤い円）を描くと，この赤い円は円 Ω にも，円 β にも，円 γ にも直交しています．したがって，赤い反転円で，円盤世界 Ω は自分の上に，円 β も円 γ もそれぞれ自分の上に反転されます．この反転円（赤い円）で分断された円盤世界 Ω の左側と右側は，反転円で変換しあい，緑色の部分と黄色の部分が入れ替わります．

次の図のように，反転操作を繰り返し，反転円がどんどん小さくなっても，右側の小さな領域に左側の大きな世界がいつも繰り込まれていくので，不思議なフラクタル世界の美しさが見られます．

■ アポロニウスの窓

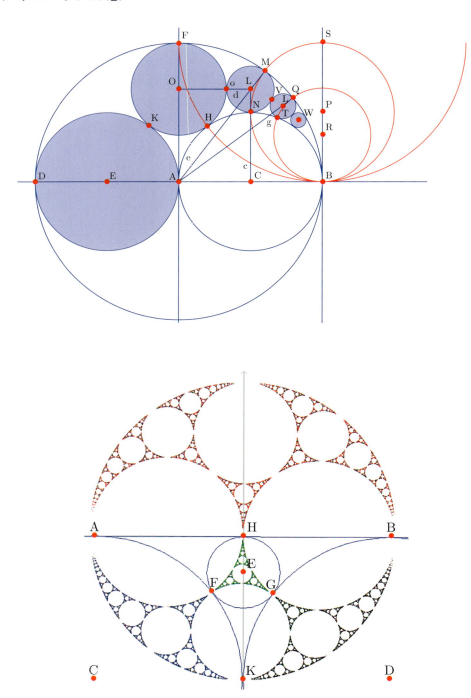

互いに接する3つの円（そのうちの1つが外周円で，他の2円が内部から接する場合もある）に，接するような円の作図を繰り返して，外周円の中に円を詰め込みフラクタル構造を作ります．

　アポロニウス（ユークリッドと並ぶ紀元前3世紀のギリシャの幾何学者）は，3つの互いに接する円があるとき，これらの3つの円に接する円が2つ存在することを発見しました．そこで，外周円の中で，互いに接する3つの円に接するような円を次々に詰め込んでできるフラクタル構造が**アポロニウスの窓**と呼ばれるものです．

リュミナルク製グラス

　このグラスは，アポロニウスの窓を思わせるデザインです．こちら側の模様の円が凹レンズとして働き，向こう側の模様の円を円内に縮小して映し出しています．

■ コラム 〈 COLUMN 〉

インドラの真珠とアポロニウスの窓

　仏教では，「宇宙のすべてのものが，それぞれのものの原因になっていて，どの1人にも，無限の過去からの無数の原因が反映されている」と考えます．これはまさに複雑系の考え方です．宮澤賢治の小品「インドラの網」は，宇宙に張りめぐらされたインドラの網目に置かれた珠玉が，互いに映じ合い，かつ，自分自身も輝いているさまです．
　インドラの網に置かれた珠玉が互いに映じ合う光景を想像ください．自分自身に映り込む他の真珠の映像には，もちろん自分自身も映り込み，さらにその自分の映像中にも世界全体が…と繰り返します．
「球の中に球を詰め込む」とできる美しいフラクタル図形が，"インドラの真珠"[注]です．この美しい図形は2次元では，「アポロニウスの窓」とも呼ばれます．

注）『インドラの真珠』，D.マンフォード，C.シリーズ，D.ライト，小森洋平（翻訳），日本評論社

第7章　繰り込まれていく世界

■ 円による反転鏡映の性質

(1) 反転円の円周上の点は，反転しても元の点と同じ位置になります．
(2) 反転では，円は円に変換されます（直線も半径 ∞ の円の仲間）．

下図（図1〜図3）に反転円（赤い円）による，反転鏡映の例を示します．

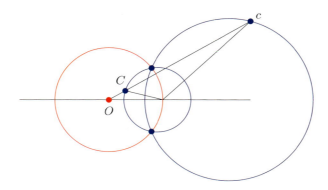

図1　反転円 O と交差する円 C は，交差の2点を共有する円 c に変換される．

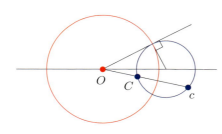

図2　反転円 O と直交する円 C は，自分の上に変換される．
　　　円周に直交するような反転円で分断された円の2つの部分は，反転円によるそれぞれの鏡映になる．

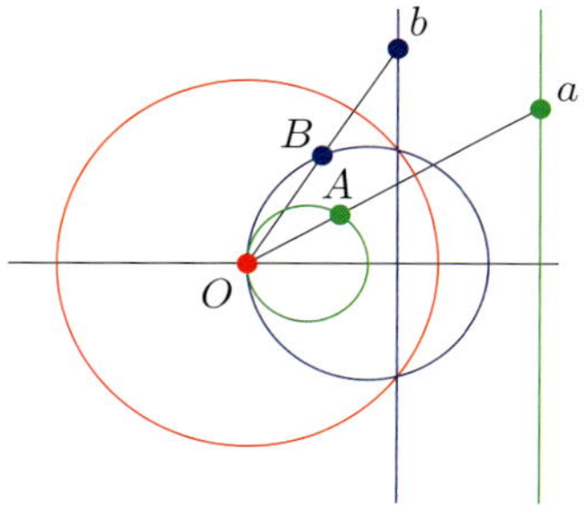

図3　反転円 O の中心を通る円 A は，直線 a に変換される．同様に円 B は直線 b に変換される．

(3) 反転円が直線なら，普通の鏡映像になります．

　直線鏡の組み合わせで作られる映像は，良く知られた万華鏡です．反転円を用いたアポロニウスの窓も拡張された万華鏡の映像と言えるでしょう．

■ 反転の利用

反転の性質を使うと，パップスの定理のような難しいものを簡単に証明できます．

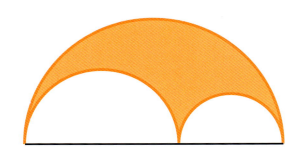

このような図形はアルベロス（靴屋のナイフ）と言います．この中にいろいろな面白い幾何学の性質があります．たとえば，パップスの定理がその1つです．

円弧 α と円弧 β に挟まれたアルベロスの領域に，互いに接するように円のチェーン ω_0, ω_1, ω_2, … があるとき，円 ω_n の中心と直径 AB との距離は円 ω_n の直径の n 倍である．
（パップスの定理）

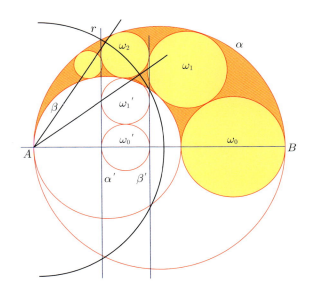

[証明] $n=2$（図の場合）を例にとります．
円 ω_2 の中心は，線分 AB から円 ω_2 の直径の2倍だけ離れていることを証明しましょう．
① 点 A から円 ω_2 へ接線を引く．両接点を通り A を中心とする円 γ は，円 ω_2 と直交します．（なぜなら，円の接線は接点での半径と直交するから）
② γ を反転円にして，色々なものを反転してみましょう．
　円 ω_2 は自分自身に．円 α, β は，それぞれ　直線 α', β' に，円 ω_1, ω_0 は，それぞれ円 ω_1', ω_0' になります．
③ 円 ω_2, ω_1', ω_0' の直径はすべて同じだから，パップスの定理が証明されました．
　（なぜなら，平行な直線 α' と β' に挟まれているから）

7. マンデルブロ集合

マンデルブロ(仏の数学者)は,「フラクタル」という概念の創始者(1975)です. IBM トーマス・ワトソン研究所にいたマンデルブロは, 綿花などの価格変動を調べていて, 不規則な変動データの中に隠れている自己相似性を見つけフラクタルとなずけました.

ニュートンの微積分の発明以来, 至る所で接線の引ける曲線が扱われていたのですが, フラクタル曲線は, これらと全く異なる曲線で, 以下の性質があります:

・曲線のどんな小さな部分を拡大しても, 自分全体と同じ形が現れる.
・至る所ギザギザで接線は引けない.

このような奇妙な図形の先駆には以下のものがあります:
○カントール集合(1883)
○ペアノ曲線(1890)
○コッホ曲線(1904)
○シェルピンスキの図形(1919)

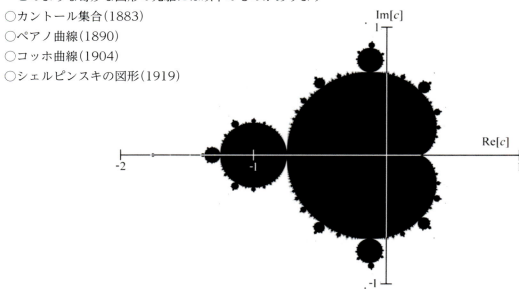

■ マンデルブロ集合とは？

複素平面上で, 次の漸化式を定義します.

$$Z(n+1) = \{Z(n)\}^2 + c, \quad Z(0) = 0$$

$Z(n)$ や c は複素数で, c は定数, $Z(0)$ は初期値といいます.

複素平面上の点 C に対して, 数列 $Z(0)$, $Z(1)$, $Z(2)$, …, $Z(n)$, …を計算していきます.
$n \to \infty$ のとき, $|Z(n)| \to \infty$ にならない(発散しない)ような複素数 c の全体が作る集合(図の黒い部分)が, **マンデルブロ集合**です. 面白い形をしていますが, 拡大しても拡大しても(解像度を上げても)同じ構造が見えるフラクタル性があります.

注)ある定数 c に対して, 数列が発散しない初期値 $Z(0)$ の集合を充填ジュリア集合といいます.

■ マンデルブロ集合というのは，ちょっと変わったフラクタルです．

発散しないということは，有限な値に収束するか，有限な範囲で振動するかです．
例えば，$c=-1$ とすると，$Z(0)=0$，$Z(1)=-1$，$Z(2)=0$，$Z(3)=-1$，…は振動です．
$c=-1+i$ とすると，
$$Z(0)=0, \ Z(1)=-1+i, \ Z(2)=-1-i, \ Z(3)=-1+3i, \ Z(4)=-9-5i, \cdots,$$
これは発散です．

発散しなかった $c=-1$ はマンデルブロ集合に入り，発散した $c=-1+i$ はマンデルブロ集合に入りません．このようにして複素平面を塗り分けて，奇妙な形のマンデルブロ集合ができあがります．

しかしながら，この判別が難しく，始めのうちは有限に見えたものが，n が大きくなると発散するかもしれません．しかし，際限なく計算するわけにはいきません．現実的な判定は近似的で，例えば，$n=200$ まで計算して，ある閾値を越えなければ，発散しないと判定するわけです．

そして，マンデルブロ集合(黒い部分)の境界部分は発散するのですが，発散のスピードにより着色してみます．抽象芸術のような不思議なパターンをご覧になったことがあるでしょう．

これは，c のわずかな差により，運命が劇的に変わるカオスと秩序が入り混じってフラクタルになっている世界です．

Created by Wolfgang Beyer with the program Ultra Fractal 3.

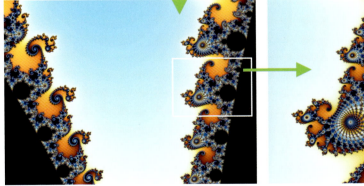

Mandelbrot set-online generator by Makieta David
マンデルブロ集合を online で描かせるサイトがいろいろあります．
興味がある方は使ってみると良いでしょう．

コラム〈COLUMN〉

フラクタル

スペインとポルトガルは，国境線の長さが987km（スペイン）と1,214km（ポルトガル）と別の値をそれぞれ主張していました．

リチャードソン（英，数学者，気象学者）は，「国境の長さは用いる地図の尺度で変わり，地図の縮尺と国境線の長さは，それぞれ対数をとると比例する」ことを発見しました．

後に，このような曲線の特徴を，「フラクタル」と名付けて一般化したのはマンデルブロ（1975，仏の数学者）です．

国境線や海岸線の形は，拡大すると（解像度を上げると），また同じような形が見えてきます（自己相似な構造）．新たに見えてきた凹凸に沿って測定すると，曲線の長さは長くなります．もし，完全なフラクタル（自己相似の繰り込みが無限に続く）なら，曲線の長さは無限大になります．

■ 風が吹けば桶屋が儲かるバタフライ効果とカオス

バタフライ効果とは，気象学者のエドワード・ローレンツが1972年にアメリカ科学振興協会で行った講演のタイトル"予測可能性：ブラジルの１匹の蝶の羽ばたきはテキサスで竜巻を引き起こすか？"に由来します．複雑系は，単純な因果列ではなく，あらゆる原因がどの結果にも反映される世界で，予測できない結果をもたらします．

系の運動を記述する方程式は作れるのですが，その方程式の解析解が求まる（可積分）とは限りません．現実は，非可積分の場合がほとんどで，教科書で習うのは可積分の幸運な場合です．

1880年代にポアンカレは，ニュートンの運動方程式ですべての運動が定まっているのに，三体問題は解析解が得られないことを証明しました．

非可積分の方程式の解は，コンピュータによる数値計算で求めることができます．しかし，このような系では，方程式中のパラメータや解の初期値によって，解が分岐したりカオスと呼ばれる定まらない状態が起きたりします．初期値のごくわずかのずれが，解の劇的な変化を生むことがあります．これがバタフライ効果と呼ばれる所以です．

マンデルブロ集合の境界（数列が発散する／しないの限界）ではカオスの発生があり，美しく不思議に入り乱れたフラクタルが見られます．

第8章

東京ジャーミイ

　東京ジャーミイは，東京，代々木上原にあります．
トルコ文化センターも併設されています．
この地には，戦前，ロシアカザン州から避難した
タタール人により東京回教礼拝堂
が建てられていました．
老朽化のため1986年に取り壊され，
東京トルコ人協会の人々が中心になり，
東京ジャーミイの建設が
1998年から始まり2000年に完成しました．
トルコから送られた資材を用い，
オスマントルコ様式で設計され，
2階の礼拝場のドームが印象的です．
仕上げにはトルコ人建築家や職人が100人もかかわったそうです．
2019年にもう一棟の建物が増築されました．
撮影した写真は工事前のものです．

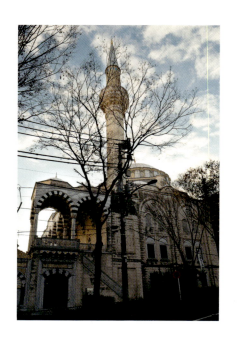
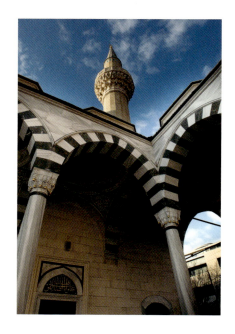

　イスラム教は偶像崇拝をせず幾何学模様が飾られます．完璧な規則で描かれた模様が宇宙を作った神の原理を思わせるのでしょう．
　スペイン，グラナダのアルハンブラ宮殿の，さまざまな幾何学的な繰り返し模様を表現したタイルは美しいので有名ですが，ここ東京ジャーミイも東アジアでもっとも美しいモスクと言われています．ここで見られるいくつかの幾何学模様を取り上げ，鑑賞しましょう．

■ ドームの天井

礼拝堂でドームの天井を見上げると，正確に $6mm$ の対称性が見えます．

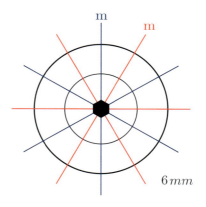

■ ドームにあるステンドガラス

写真の下部にある1次元の繰り返し模様は「チューリップ」のモチーフです．

トルコ語で「チューリップ」は「ラーレ」といい，スペルは「アッラー」の入れ替え（アナグラム）ですので，数秘学でいうと「ラーレ」も「アッラー」もおなじ数になります．チューリップはイスラムの繰り返し模様のモチーフによく用いられます．

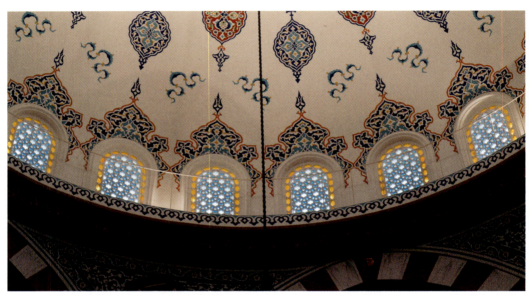

このステンドガラス窓は，ドーム天井を取り巻くように配置されて（1周で24個，天井ドームの $6mm$ の対称模様に対応），明かりとりの働きをしています．

チューリップの繰り返し模様

●ステンドガラスの繰り返し模様

この模様は6回回転軸が並ぶよくある繰り返し模様の1つです．平面群の記号は $P6mm$

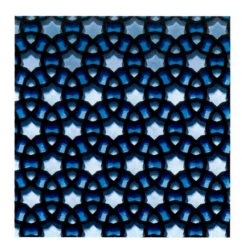

■ ステンドガラス窓

　毎日礼拝が行われコーランの声が流れます．特に金曜日には500人以上のイスラムの人々が礼拝に訪れ，西北西，メッカの方角に向かって，絨毯に立ち礼拝します．ステンドガラスに西日が入ると，美しい青い光を室内に導き，カーペットの青緑色を引き立ててとても美しい光で溢れます．

南向き

丸窓のステンドガラス
対称性（点群）$4mm$

- 中心に4回回転軸
- 鏡映面（水平と垂直，45°と $-45°$）

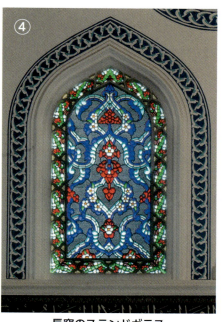

長窓のステンドガラス
対称性（点群）　m（左右対称）

- 垂直に鏡映面

■ 絵皿

東京ジャーミイの正面玄関に飾ってある美しい皿です．

（直径30cm程度）

絵皿の中心に花弁12枚の花があり，その周囲に花弁9枚の花が6枚配置されています．
中心の花だけを見ると（＝局所的），12回回転対称ですが，その周囲まで見ると（＝全域的），6回回転対称です．

周囲の花は，それぞれ局所的に9回回転対称ですが，全域的に見ると3回回転対称です．

● それぞれの花の内部の局所的な対称性

中心の花の内部は，12回対称（その部分群としての6回対称は全域で通用），周りの6個の花の内部は，それぞれ9回対称（その部分群としての3回対称は全域で通用）です．繰り返し模様全域を支配する対称性で，12回対称や9回対称はあり得ませんので，このような高い対称性が通用するのはそれぞれの花の内部だけで，あたかも，高次元宇宙からいろいろな宇宙の断面が2次元の皿の表面に投影されているようで，不思議な魅力を感じます．

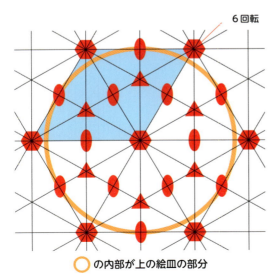

局所的な対称性

○ の内部が上の絵皿の部分

全域的な対称性

左の図は水色に塗った部分を単位胞として繰り返す平面群 $P6mm$ の模様です．この皿はこの繰り返し模様から，図中の ○ で記した内部だけを切り取ったと解釈できます．

■ 奇妙な幾何空間

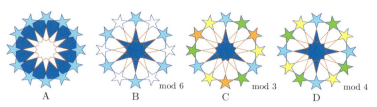

図Aはイスラムの絵皿の中心にある花をとりだしたものです．中心に12回回転軸 C_{12} があり，このべき乗は回転群 $G_{12}=\{C_{12}, C_{12}^2, C_{12}^3, \cdots, C_{12}^{12}=1\}$ を生みます．

回転群 G_{12} は，6回対称の G_6，3回対称の G_3，4回対称の G_4 を正規部分群（注）として含むので，これらを核（法 mod）として回転群 G_{12} を準同型に写像すると，それぞれ奇妙な幾何空間になります．

図B　　$G_{12}/G_6 = G_{12}(\text{mod } 6) = \{C_{12}, C_{12}^2=1\}$
図C　　$G_{12}/G_3 = G_{12}(\text{mod } 3) = \{C_{12}, C_{12}^2, C_{12}^3, C_{12}^4=1\}$
図D　　$G_{12}/G_4 = G_{12}(\text{mod } 4) = \{C_{12}, C_{12}^2, C_{12}^3=1\}$

例えば，mod 3 の例（図C）では，12回回転操作 C_{12} を4回続ける（$30°×4=120°$ 回す）と初期状態と見分けがつかないので，1周りが $360°$ ではなく，$120°$ の空間のようでもあります．

（注）
正規部分群とは p.40 を参照．1つの回転軸が作る巡回群の部分群はすべて正規部分群です．

■ 装飾

どちらもイスラムに特徴的な複雑な美しい図形です．
黄金比がたくさん現れます．

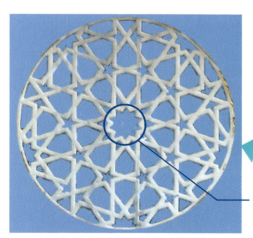

写真1　説教壇の横にある装飾

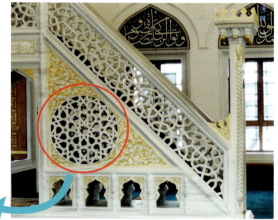

これもよくみると花弁が12枚に見えます

●それぞれの花の内部の局所的な対称性に言及しましょう.

図A……辺の長さが黄金比の二等辺三角形です．つまり底辺を 1 とすると，等しい 2 辺は 1.618…，頂角は 36°，両底角は 72° です．

図B……正 5 角形の中にできる星形で，星の頂角は黄金比の三角形にでてくる頂角 36° と同じです．

図C……図Bの赤い星型とその星型を 180° 回転したものを重ね合わせたものです．東京ジャーミイの美しい図形写真 1 には，星形を 2 つ重ね合わせたものが中心にあることに，お気づきでしょうか．

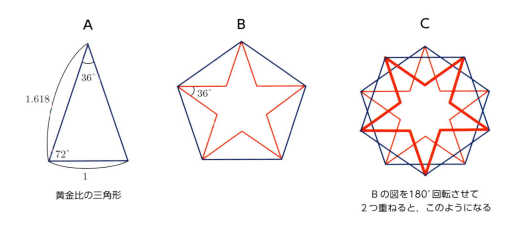

黄金比の三角形

Bの図を180°回転させて
2つ重ねると，このようになる

●星形をこのように重ね合わせた図形の対称性は？

まず，星形の対称性は．点群 $5m$ です(5 は 5 回回転対称軸，m は鏡映面).

2 回回転対称軸 2 が生じるように重ね合わせたので，重ね合わせた星形の対称性は，2 つの点群の直積，$2 \otimes 5m = 10mm$ になります．

あるいは，星形の点群 $5m$ を「法」にすると，点群 $10mm$ は $\{1, 10 \,(\mathrm{mod}\, 5m)\}$ のような，位数 2 の点群として理解できます．

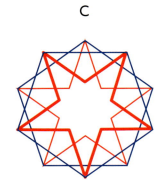

C

この考え方「36° 回転を 2 回続けると元の星形に重なるので，これで振り出しに戻ったと見なす」を使う奇妙な空間では，私たちの 3 次元ユークリッド空間では 360° 回転しないと元に戻らないのに，$2 \times 36° = 72°$ 回転すると元に戻ることになります．

■ ステンドガラス窓

このステンドガラス窓の模様は，繰り返し模様の一部です．これから平面の繰返し構造を再現してみました．

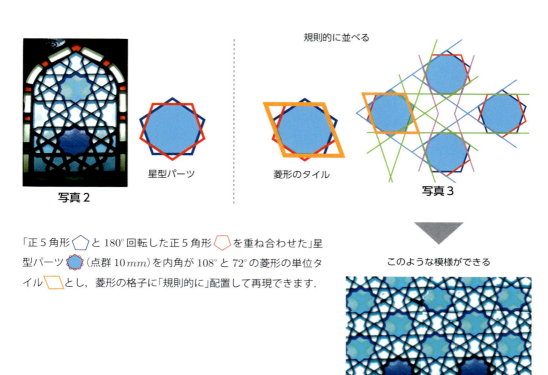

写真2　星型パーツ　菱形のタイル　写真3　このような模様ができる　写真4

「正5角形 ⬠ と180°回転した正5角形 ⬠ を重ね合わせた」星型パーツ（点群 $10mm$）を内角が $108°$ と $72°$ の菱形の単位タイル ◇ とし，菱形の格子に「規則的に」配置して再現できます．

　この菱形格子は正6角形（正3角形）のように見えますが，上下の方向が左右の方向に比べてすこし長く，歪んでいます．正5角形や正10角形（どちらも最低でも5回対称性がある）を周期的に並べることは不可能ですから，5回対称性が全域で支配するような格子はできません．「正5角形とその180°回転したものを重ね合わせた」星型パーツの対称性（$10mm$）は，そのパーツの内部だけを支配する（局所的）ものです．

　この繰り返し模様の対称性（平面群）には，2回軸と水平および垂直に鏡映面があり，記号でいうと $P2mm$ の対称性です．

■ 門扉

　2階の礼拝堂入り口の木製の扉の装飾には，局所的な5回対称や10回対称の図形が埋めこまれています．

　全体が周期的な構造にはなっていませんが，正5角形と同様に黄金比が随所に現れています．

　5回対称や10回対称もいたるところに現れて，5角形が黄金比を作るようにここにも黄金比が現れています．

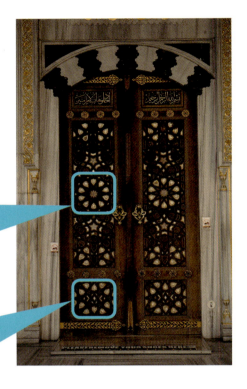

10回対称

10回対称の変形

Q　黄金比の三角形がいくつ作れているでしょうか？

黄金比の二等辺三角形（頂角 36°）が6個（オレンジ色）重なって見えます．
さらに，上・下から4個（緑色）の頂点だけが見えます．
これらの線が囲む箇所（6か所ある）に，
小さな星型が現れています．
（この図形の全体の対称性：点群 $2mm$）

【付録】

平面群の作り方

　壁紙模様は，1つの"モチーフ"（＝単位胞の中身）を無限にある格子点の上に配置して構成されています．格子点は無限にあり，どの格子点にいても常に世界の真ん中ですから，「格子点距離の倍数だけ移動した点はすべて同価」との見方をします．これを"格子 T を法として（mod T）同値"と言います．無限に繰り返す"モチーフ"の分布を，単位胞内の1つの"モチーフ"に還元できます．［並進群 T を核とする準同型写像で，$\Phi/T=G$ のように表現します（Φ は平面群，G は結晶点群）．ただし，並進群 T は Φ の正規部分群であることを用いています］

　この見方をさらに進めると，"モチーフ"内部の対称性を記述する結晶点群 G 自体も，格子を法として（mod T）閉じればよく，$G(\mathrm{mod}\ T)$ と拡張でき，拡張された結晶点群 $G(\mathrm{mod}\ T)$ と並進群 T との積で作られる空間群もあります．このようなタイプの空間群には，映進面（鏡映＋鏡面に平行に格子距離／2 の並進），n 回螺旋軸（360°／n の回転＋軸方向に格子距離／n の並進）などの操作があります．ただし，螺旋軸が現れるのは3次元以上の空間です．

　例として，平面群 $P2mm$，$P2mg$，$P2gg$ の作り方を図示します．

注）平面群記号の先頭の P は格子を表し，続く $2mm$ などが結晶点群の対称要素です．後の2つの平面群には，映進面 g がある拡張された結晶点群が現れます．

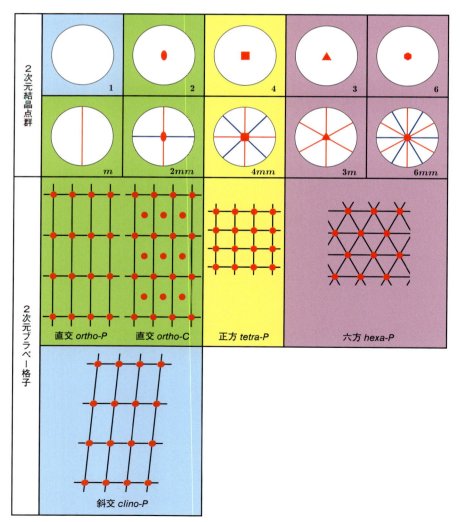

■ 格子点に点群を配置

格子（並進群）を点群で拡大して平面群を作ってみましょう．まず，格子点に点群を配置します．

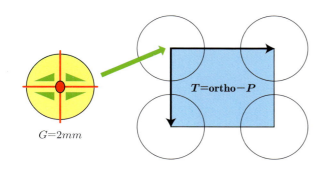

点群 $G=2mm$ と，
単純長方形格子 $T=\text{ortho}-P$ から，
平面群 $P2mm$, $P2mg$, $P2gg$
の3つが生じます．

映進 g は2回続けると1格子分の移動になる $g^2=1(\text{mod } T)$ ので，格子点はすべて同値という見方をすると
平面群 $P2mm$, $P2mg$, $P2gg$ は，点群 $2mm$ に帰着します．

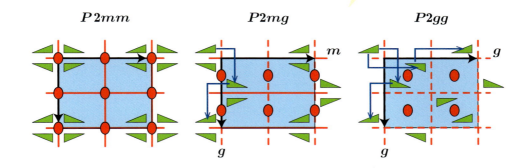

壁紙模様の対称性（平面群）

壁紙模様の17種類の平面群は次のようになります．

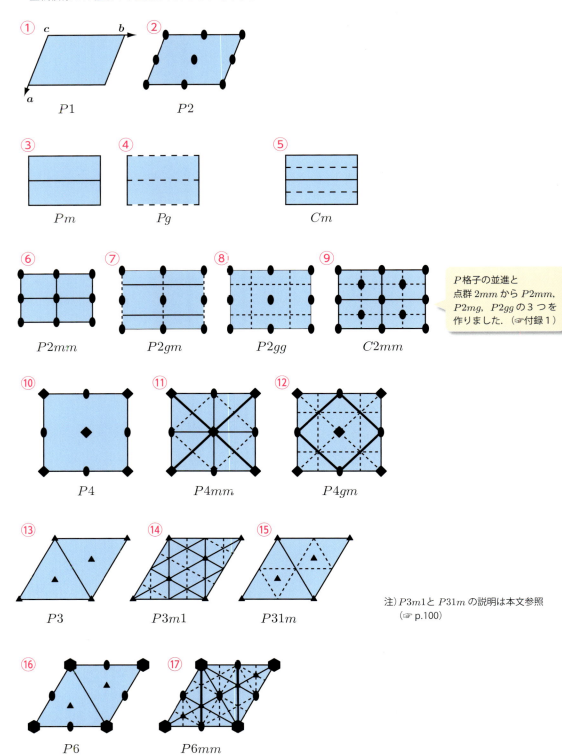

■ 17種類の壁紙

平面群に対応する壁紙模様 左ページの①〜⑰は，次の壁紙模様にそれぞれ対応します．

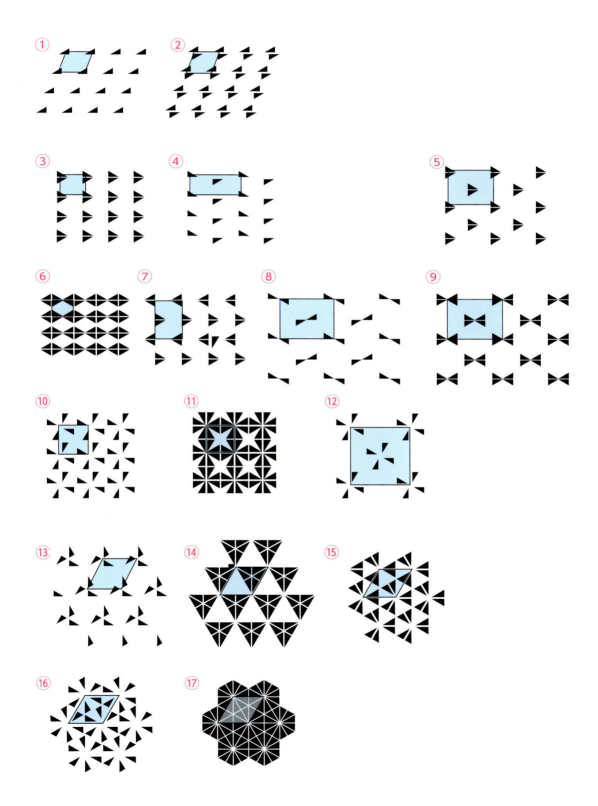

（参考書）理解を深めるために

　さらに進んで対称性の数学を学びたい人は，〈数学月間の会〉のホームページやブログなどをご覧ください．

　数学はそれが生まれた源泉から離れて，抽象化を進めてきました．しかし，応用の場を踏まえて数学を見ることが，数学への理解と共感につながると考え関連する読み物を挙げます．

■ 関連読み物

1. Daud Sutton: Islamic Design, Wooden Books（2007）
2. David Wade: Symmetry, Wooden Books（2006）
3. 伏見康治：文様の科学，日本評論社（2013）
4. イーリー・マオール，オイゲン・ヨスト：美しい幾何学，丸善出版（2015）
5. マリオ・リヴィオ：黄金比はすべてを美しくするか，ハヤカワ文庫（2012）
6. 斎藤喜彦・伊藤正時：結晶の話，培風館（1984）
7. 定永両一：結晶学序説，岩波書店（1986）
8. ジョージ・G・スピーロ：ケプラー予想，新潮文庫（2014）
9. 高次元科学会：自然界の4次元，朝倉書店（1995）
10. 宮崎興二：多面体百科，丸善出版（2016）
11. 高木隆司：楽しい数理実験，講談社サイエンティフィック（2008）
12. シュボーン・ロバーツ：多面体と宇宙の謎に迫った幾何学者，日経BP（2009）
13. マルコム・E・ラインズ：物理と数学の不思議な関係，ハヤカワ文庫（2004）
14. J. ブリッグス，F.D. ピート：鏡の伝説，ダイヤモンド社（1991）
15. D. マンフォード，C. シリーズ，D. ライト：インドラの真珠，日本評論社（2013）
16. 細矢治夫：三角形の七不思議，講談社ブルーバックス（2013）
17. ロジャー・ペンローズ：皇帝の新しい心，みすず書房（1994）

■ 数学書

1. A.V.Shubnikov and V.A.Koptsik: Symmetry in Science and Art, Prenum Press（1974）
2. W. マグナス：群とグラフ，河出SMSG新数学双書（1970）
3. コクセター：幾何学入門　上・下，ちくま学芸文庫（1982）
4. ヒルベルト，コーン・フォッセン：直観幾何学，みすず書房（1966）
5. 一松　信：正多面体を解く，東海大学出版会（2002）
6. 河野俊丈：結晶群，共立出版（2015）

あ

アーベル群 ······················· 40
アポロニウス ··················· 167
アポロニウスの窓 ··············· 167
アルキメデスの立体 ········· 16, 17, 18, 19
位数
　群の ······················· 38
　対称操作の ··············· 29, 30
市松模様 ······················ 106
エッシャーの「極限としての円」 ···· 143
エッシャーの「周期的版画」 ······· 94
演算の積 ······················· 40
円による反転 ············ 138, 165, 168
オイラー ······················· 13
オイラーの多面体定理 ········· 13, 14
黄金比 ························· 150

か

回転対称
　2回軸 ··············· 28, 43, 91
　3回軸 ··············· 30, 43, 90
　4回軸 ··················· 31, 43
　5回軸 ··················· 42, 43
　6回軸 ······················· 96
可換群 ························· 40
壁紙模様 ··················· 186, 187
基本領域（非対称領域） ··········· 50
球に近い多面体 ··············· 22, 23
球面過剰 ······················ 130
球面正多角形 ··················· 133
球面正多面体 ··············· 25, 133
空間の充填 ············ 63, 64, 65, 66
空間のデジタル化 ·········· 51, 52, 60
空間の離散化 ··················· 52

群 ···························· 40
群の
　逆元 ······················· 40
　元 ························· 40
　単位元 ······················· 40
　要素 ······················· 40
結合の法則 ····················· 40
結晶空間 ······················· 50
ケプラー予想 ··············· 57, 58
ケルビン立体 ··················· 62
格子 ························· 50
格子点 ························· 50
コクセター ···················· 142
コッホ曲線 ···················· 159
混合 ························· 19

さ

最密充填（6方の） ··············· 58
最密充填（立方の） ··············· 58
シェルピンスキーの窓 ············· 162
自己相似 ······················ 158
射影幾何 ······················ 129
写像の核 ······················ 184
周期的世界 ····················· 50
シュレーフリ ···················· 9
シュレーフリの表記法（正多面体） ······ 9
シュレーフリの表記法（半正多面体） ···· 17
樹形グラフ ····················· 14
準正多面体 ····················· 21
準同型 ························· 179
準同型写像 ··············· 179, 184
準結晶 ························· 84
ステレオ投影 ··············· 136, 139

正則分割
　双曲的平面 ································· 130, 141
　楕円的平面 ································· 130, 131
　ユークリッド平面 ··························· 131
正多角形によるタイル張り ········ 72, 114, 131
正多胞体(4次元) ···························· 26
正多面体 ····································· 9
　正12面体 ································· 11
　正20面体 ································· 10
　正4面体 ································· 10
　正6面体 ································· 11
　正8面体 ································· 10
正多面体群 ···························· 22, 42, 43
切頂 ·· 16
切頂(切頂正6面体) ························ 17
切頂(切頂正8面体) ························ 17
双曲幾何平面 ······························· 126
双曲幾何平面のタイル張り ················ 140
双対 ·· 17

た

ダ・ビンチの星型 ·························· 152
大円 ······································· 136
大圏コース ································· 126
対称性の重ね合わせ ························ 41
対称操作 ······························· 28, 35
　色置換 ··································· 95
　映進 ····································· 93
　鏡映 ·································· 28, 93
　反転 ····································· 28
対称要素 ··································· 35
代数系 ····································· 40
楕円幾何平面 ······························· 126
単位胞 ································· 54, 55

ディリクレ胞 ························· 55, 61
デザルグの定理 ···························· 128
点群 ·································· 30, 42
伝統文様
　麻の葉 ··································· 87
　網代 ····································· 86
　網目 ····································· 88
　鱗 ······································· 87
　かごめ ··································· 87
　亀甲 ····································· 87
　七宝つなぎ ······························· 86
　沙綾形 ··································· 86
　青海波 ··································· 88
　立涌 ····································· 88

な

ねじれ半多面体 ···························· 20

は

パップスの定理 ···························· 169
反射の法則 ································· 102
半正多面体 ································· 16
反転対称 ··································· 28
非周期格子(1次元) ························· 81
非周期タイル張り ·························· 76
非対称 ····································· 34
非対称領域(万華鏡の) ················· 38, 113
非ユークリッド幾何学 ······················ 127
フォーデルベルク・タイリング ············· 76
部分群(正規部分群) ························ 40
部分群 ······························· 38, 39, 40
フラーレン ································· 24
フラクタル ································· 146
フラクタル次元 ···························· 160

フラクタル性 …………………… 146	**ま**
プラトン ……………………… 12	万華鏡
プラトンの立体 ……… 9, 10, 11, 42	市松模様の ……… 106, 110, 112, 113
ブラベー格子	正12面体像 ………………… 46
2次元，一般格子 ………… 55	正20面体像 ………………… 46
2次元，正方格子 ………… 54	正4面体像 ………………… 47
2次元，直方格子 ………… 55	正6面体像 ………………… 47
2次元，面心格子 ………… 54	正8面体像 ………………… 47
2次元，菱形格子 ………… 54	多面体像の ……… 44, 46, 47, 121
2次元，六方格子 ………… 54	分数型の ……… 118, 119, 120
ブリュースターの万華鏡特許 ……… 103	菱形30面体像や菱形20面体像の ……… 46
ペアノ曲線 …………………… 158	万華鏡の鏡室 ……… 104, 107, 109
並進 ………………………… 50	万華鏡で作れる壁紙模様 ………… 117
並進群 ……………………… 150	万華鏡の定理 ………………… 108
平面群 …………………… 186, 187	マンデルブロ ………………… 170
平面タイル張り	マンデルブロ集合 …………… 170
アルキメデスの …………… 72	ミラーの立体 ………………… 20
正多角形タイルの …… 74, 75, 109	無限（可算）………………… 52
凸5角形タイルの ………… 70	無限（非可算）……………… 52
凸6角形タイルの ………… 69	メビウス万華鏡 ……… 133, 135
平行4辺形の ……………… 68	メンガーのスポンジ ………… 164
平行6辺形の ……………… 68	
ペンローズ・タイリング ……… 77〜80	**や**
ポアンカレの円盤モデル ……… 138	ユークリッド幾何平面 ………… 126
法（mod）……………… 180, 184	
星型小12面体 ………………… 153	**ら**
星型正多角形 ………………… 152	リーマン幾何学 ……………… 129
星型正多面体（ケプラーの）……… 153	立方8面体 …………………… 63
星型正多面体（ポアンソの）……… 154	立方格子
星型大12面体 ………………… 154	体心 ……………………… 62
	単純 ……………………… 60
	面心 ……………………… 61
	菱形12面体 ……………… 21, 44
	菱形30面体 ……………… 21, 46

著者プロフィール

谷 克彦(たに・かつひこ)

1944年東京都生まれ.
1968年東京大学教養学部基礎科学科卒業.
民間企業の研究所で放射光X線などを用いた材料の分析評価に従事.
専門は空間群の拡張(理学博士).
現在は,数学と社会の架け橋〈NPO法人「数学月間の会(SGK)」〉で,
数学への共感を呼びかけている.
日本数学協会幹事.

装丁	下野ツヨシ
	(ツヨシ＊グラフィックス)
DTP	株式会社新後閑
	株式会社ニュートーン
撮影協力	東京ジャーミイ
写真協力	飯村昭彦
画像制作	谷 克彦
協力	郡山 彬

美しい幾何学

2019年9月21日 初版 第1刷発行

著 者	谷 克彦
発行者	片岡 巌
発行所	株式会社技術評論社
	東京都新宿区市谷左内町21-13
	電話 03-3513-6150 販売促進部
	03-3267-2270 書籍編集部
印刷・製本	大日本印刷株式会社

定価はカバーに表示してあります.
本書の一部,または全部を著作権法の定める範囲を超え,無断で複写,
複製,転載,テープ化,ファイルに落とすことを禁じます.

©2019 谷 克彦

造本には細心の注意を払っておりますが,万が一,乱丁(ページの乱れ)や
落丁(ページの抜け)がございましたら,小社販売促進部までお送りください.
送料小社負担にてお取り替えいたします.

ISBN978-4-297-10810-6 C3041
Printed in Japan